ⓦ 완자

공부력

KB118892

Ⓠ 왜 공부력을 키워야 할까요?

쓰기력

정확한 의사소통의 기본기이며 논리의 바탕

연필을 잡고 종이에 쓰는 것을 괴로워한다!
맞춤법을 몰라 정확한 쓰기를 못한다!
말은 잘하지만 조리 있게 쓰는 것이 어렵다!
그래서 글쓰기의 기본 규칙을 정확히 알고
써야 공부 능력이 향상됩니다.

어휘력

교과 내용 이해와 독해력의 기본 바탕

어휘를 몰라서 수학 문제를 못 푼다!
어휘를 몰라서 사회, 과학 내용 이해가 안 된다!
어휘를 몰라서 수업 내용을 따라가기 어렵다!
그래서 교과 내용 이해의 기본 바탕을
다지기 위해 어휘 학습을 해야 합니다.

독해력

모든 교과 실력 향상의 기본 바탕

글을 읽었지만 무슨 내용인지 모른다!
글을 읽고 이해하는 데 시간이 오래 걸린다!
읽어서 이해하는 공부 방식을 거부하려고 한다!
그래서 통합적 사고력의 바탕인 독해 공부로
교과 실력 향상의 기본기를 닦아야 합니다.

계산력

초등 수학의 핵심이자 기본 바탕

계산 과정의 실수가 잦다!
계산을 하긴 하는데 시간이 오래 걸린다!
계산은 하는데 계산 개념을 정확히 모른다!
그래서 계산 개념을 익히고 속도와 정확성을
높이기 위한 훈련을 통해 계산력을 키워야 합니다.

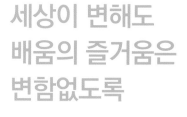

세상이 변해도
배움의 즐거움은
변함없도록

시대는 빠르게 변해도
배움의 즐거움은
변함없어야 하기에

어제의 비상은
남다른 교재부터
결이 다른 콘텐츠
전에 없던 교육 플랫폼까지

변함없는 혁신으로
교육 문화 환경의 새로운 전형을
실현해왔습니다.

비상은 오늘, 다시 한번
새로운 교육 문화 환경을 실현하기 위한
또 하나의 혁신을 시작합니다.

오늘의 내가 어제의 나를 초월하고
오늘의 교육이 어제의 교육을 초월하여
배움의 즐거움을 지속하는 혁신,

바로, 메타인지 기반 완전 학습을.

상상을 실현하는 교육 문화 기업 비상

메타인지 기반 완전 학습
초월을 뜻하는 meta와 생각을 뜻하는 인지가 결합한 메타인지는
자신이 알고 모르는 것을 스스로 구분하고 학습계획을 세우도록 하는
궁극의 학습 능력입니다. 비상의 메타인지 기반 완전 학습 시스템은
잠들어 있는 메타인지를 깨워 공부를 100% 내 것으로 만들도록 합니다.

완자

공부력

초등 수학

계산 5B

초등 수학 계산 단계별 구성

1A	1B	2A	2B	3A	3B
9까지의 수	100까지의 수	세 자리 수	네 자리 수	세 자리 수의 덧셈	곱하는 수가 한·두 자리 수인 곱셈
9까지의 수 모으기, 가르기	받아올림이 없는 두 자리 수의 덧셈	받아올림이 있는 두 자리 수의 덧셈	곱셈구구	세 자리 수의 뺄셈	나누는 수가 한 자리 수인 나눗셈
한 자리 수의 덧셈	받아내림이 없는 두 자리 수의 뺄셈	받아내림이 있는 두 자리 수의 뺄셈	길이(m, cm)의 합과 차	나눗셈의 의미	분수로 나타내기, 분수의 종류
한 자리 수의 뺄셈	100이 되는 더하기, 10에서 빼기	세 수의 덧셈과 뺄셈	시각과 시간	곱하는 수가 한 자리 수인 곱셈	들이·무게의 합과 차
50까지의 수	받아올림이 있는 (몇)+(몇), 받아내림이 있는 (십몇)-(몇)	곱셈의 의미		길이(cm와 mm, km와 m)· 시간의 합과 차	
				분수와 소수의 의미	

초등 수학의 핵심! **수**, **연산**, **측정**, **규칙성** 영역에서
핵심 개념을 쉽게 이해하고, 다양한 계산 문제로 계산력을 키워요!

4A	4B	5A	5B	6A	6B
큰 수	분모가 같은 분수의 덧셈	자연수의 혼합 계산	수 어림하기	나누는 수가 자연수인 분수의 나눗셈	나누는 수가 분수인 분수의 나눗셈
각도의 합과 차, 삼각형·사각형의 각도의 합	분모가 같은 분수의 뺄셈	약수와 배수	분수의 곱셈	나누는 수가 자연수인 소수의 나눗셈	나누는 수가 소수인 소수의 나눗셈
세 자리 수와 두 자리 수의 곱셈	소수 사이의 관계	약분과 통분	소수의 곱셈	비와 비율	비례식과 비례배분
나누는 수가 두 자리 수인 나눗셈	소수의 덧셈	분모가 다른 분수의 덧셈	평균	직육면체의 부피	원주, 원의 넓이
	소수의 뺄셈	분모가 다른 분수의 뺄셈		직육면체의 겉넓이	
		다각형의 둘레와 넓이			

특징과 활용법

하루 4쪽 공부하기

❋ 차시별 공부

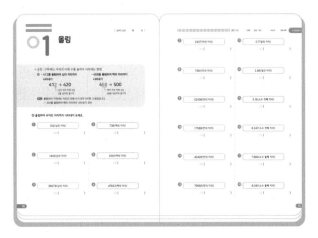

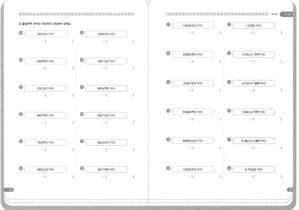

❋ 차시 섞어서 공부

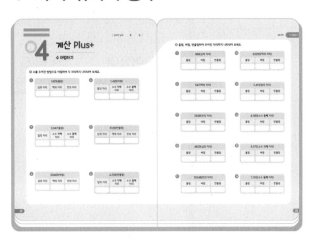

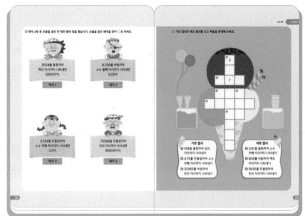

❋ 하루 4쪽씩 공부하고, 채점한 후, 틀린 문제를 다시 풀어요!

✅ 책으로 하루 4쪽 공부하며, 초등 계산력을 키워요!

✅ 모바일로 공부한 내용을 복습하고 몬스터를 잡아요!

공부한 내용 확인하기

모바일로 복습하기

✳ **단원별 계산 평가**

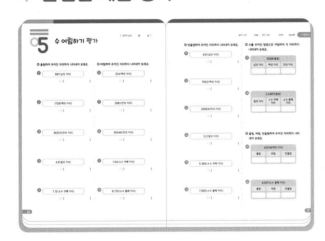

✳ **단계별 계산 총정리 평가**

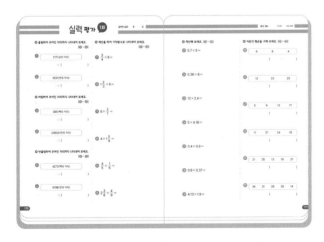

✳ 평가를 통해 공부한 내용을 확인해요!

✳ 그날 배운 내용을 바로바로,
또는 주말에 모아서 복습하고,
다이아몬드 획득까지! 💎
공부가 저절로 즐거워져요!

앱 다운받기   책 인증하기

차례

4

평균

1 수 어림하기

올림, 버림, 반올림의 개념을 알고,
수를 어림하여 나타내는 훈련이 중요한

01 올림

- 올림 : 구하려는 자리의 아래 수를 올려서 나타내는 방법

  (예) ·412를 올림하여 십의 자리까지 나타내기

  412 → 420

  └─ 십의 자리 아래 수인 2를 10으로 봅니다.

  ·468을 올림하여 백의 자리까지 나타내기

  468 → 500

  └─ 백의 자리 아래 수인 68을 100으로 봅니다.

  (참고) 올림하여 구하려는 자리의 아래 수가 모두 0이면 그대로입니다.
  ⇨ 300을 올림하여 백의 자리까지 나타내기: 300

◯ 올림하여 주어진 자리까지 나타내어 보세요.

1 152(십의 자리)

⇨ (   )

2 1418(십의 자리)

⇨ (   )

3 36079(십의 자리)

⇨ (   )

4 736(백의 자리)

⇨ (   )

5 2591(백의 자리)

⇨ (   )

6 47623(백의 자리)

⇨ (   )

7 2437(천의 자리)

⇨ (   )

8 7581(천의 자리)

⇨ (   )

9 53109(천의 자리)

⇨ (   )

10 17589(만의 자리)

⇨ (   )

11 42426(만의 자리)

⇨ (   )

12 79582(만의 자리)

⇨ (   )

13 0.7(일의 자리)

⇨ (   )

14 2.46(일의 자리)

⇨ (   )

15 3.15(소수 첫째 자리)

⇨ (   )

16 6.247(소수 첫째 자리)

⇨ (   )

17 7.684(소수 둘째 자리)

⇨ (   )

18 8.041(소수 둘째 자리)

⇨ (   )

● 올림하여 주어진 자리까지 나타내어 보세요.

19 235(십의 자리)

⇨ ( )

20 409(백의 자리)

⇨ ( )

21 516(십의 자리)

⇨ ( )

22 682(백의 자리)

⇨ ( )

23 794(백의 자리)

⇨ ( )

24 963(십의 자리)

⇨ ( )

25 1539(천의 자리)

⇨ ( )

26 3657(십의 자리)

⇨ ( )

27 4824(백의 자리)

⇨ ( )

28 6927(십의 자리)

⇨ ( )

29 8624(천의 자리)

⇨ ( )

30 9017(백의 자리)

⇨ ( )

31 14539(만의 자리)

⇨ (　　　　　　　　)

32 26384(백의 자리)

⇨ (　　　　　　　　)

33 31247(만의 자리)

⇨ (　　　　　　　　)

34 50849(백의 자리)

⇨ (　　　　　　　　)

35 66845(십의 자리)

⇨ (　　　　　　　　)

36 72416(천의 자리)

⇨ (　　　　　　　　)

37 1.3(일의 자리)

⇨ (　　　　　　　　)

38 3.76(소수 첫째 자리)

⇨ (　　　　　　　　)

39 4.123(소수 둘째 자리)

⇨ (　　　　　　　　)

40 5.84(소수 첫째 자리)

⇨ (　　　　　　　　)

41 6.382(소수 둘째 자리)

⇨ (　　　　　　　　)

42 8.75(일의 자리)

⇨ (　　　　　　　　)

버림

• 버림: 구하려는 자리의 아래 수를 버려서 나타내는 방법

예 • 754를 버림하여 십의 자리까지 나타내기

754 → 750

└ 십의 자리 아래 수인 4를 0으로 봅니다.

• 319를 버림하여 백의 자리까지 나타내기

319 → 300

└ 백의 자리 아래 수인 19를 0으로 봅니다.

참고 버림하여 구하려는 자리의 아래 수가 모두 0이면 그대로입니다.
⇨ 600을 버림하여 백의 자리까지 나타내기: 600

○ 버림하여 주어진 자리까지 나타내어 보세요.

1 263(십의 자리)
⇨ (   )

2 3147(십의 자리)
⇨ (   )

3 26571(십의 자리)
⇨ (   )

4 439(백의 자리)
⇨ (   )

5 1067(백의 자리)
⇨ (   )

6 39546(백의 자리)
⇨ (   )

7　6248(천의 자리)

⇨ (　　　　　　　)

8　9345(천의 자리)

⇨ (　　　　　　　)

9　24685(천의 자리)

⇨ (　　　　　　　)

10　36278(만의 자리)

⇨ (　　　　　　　)

11　64109(만의 자리)

⇨ (　　　　　　　)

12　75348(만의 자리)

⇨ (　　　　　　　)

13　2.4(일의 자리)

⇨ (　　　　　　　)

14　3.56(일의 자리)

⇨ (　　　　　　　)

15　4.75(소수 첫째 자리)

⇨ (　　　　　　　)

16　5.628(소수 첫째 자리)

⇨ (　　　　　　　)

17　6.924(소수 둘째 자리)

⇨ (　　　　　　　)

18　9.013(소수 둘째 자리)

⇨ (　　　　　　　)

● 버림하여 주어진 자리까지 나타내어 보세요.

19 363(십의 자리)

⇨ ( )

20 425(십의 자리)

⇨ ( )

21 595(백의 자리)

⇨ ( )

22 612(십의 자리)

⇨ ( )

23 765(백의 자리)

⇨ ( )

24 803(백의 자리)

⇨ ( )

25 2468(백의 자리)

⇨ ( )

26 4175(천의 자리)

⇨ ( )

27 5309(십의 자리)

⇨ ( )

28 7451(천의 자리)

⇨ ( )

29 8296(백의 자리)

⇨ ( )

30 9347(십의 자리)

⇨ ( )

31 16578(백의 자리)

⇨ ( )

32 20489(만의 자리)

⇨ ( )

33 36517(십의 자리)

⇨ ( )

34 42598(천의 자리)

⇨ ( )

35 56824(백의 자리)

⇨ ( )

36 86254(만의 자리)

⇨ ( )

37 0.59(소수 첫째 자리)

⇨ ( )

38 2.7(일의 자리)

⇨ ( )

39 3.065(소수 둘째 자리)

⇨ ( )

40 4.87(일의 자리)

⇨ ( )

41 5.94(소수 첫째 자리)

⇨ ( )

42 6.157(소수 둘째 자리)

⇨ ( )

03 반올림

- 반올림: 구하려는 자리 바로 아래 자리의 숫자가
  0, 1, 2, 3, 4이면 버리고, 5, 6, 7, 8, 9이면 올려서 나타내는 방법

예
- 5481을 반올림하여 십의 자리까지 나타내기

  5481 → 5480

  └ 일의 자리 숫자가
  1이므로 버림합니다.

- 3482를 반올림하여 백의 자리까지 나타내기

  3482 → 3500

  └ 십의 자리 숫자가
  8이므로 올림합니다.

○ **반올림하여 주어진 자리까지 나타내어 보세요.**

1 | 247(십의 자리) |

⇨ (   )

2 | 1283(십의 자리) |

⇨ (   )

3 | 24079(십의 자리) |

⇨ (   )

4 | 411(백의 자리) |

⇨ (   )

5 | 3175(백의 자리) |

⇨ (   )

6 | 54109(백의 자리) |

⇨ (   )

7 4285(천의 자리)

⇨ (   )

8 6510(천의 자리)

⇨ (   )

9 20178(천의 자리)

⇨ (   )

10 36851(만의 자리)

⇨ (   )

11 41957(만의 자리)

⇨ (   )

12 68954(만의 자리)

⇨ (   )

13 1.4(일의 자리)

⇨ (   )

14 1.85(일의 자리)

⇨ (   )

15 2.17(소수 첫째 자리)

⇨ (   )

16 3.529(소수 첫째 자리)

⇨ (   )

17 5.149(소수 둘째 자리)

⇨ (   )

18 7.941(소수 둘째 자리)

⇨ (   )

○ 반올림하여 주어진 자리까지 나타내어 보세요.

19 119(백의 자리)

⇨ (   )

25 2419(백의 자리)

⇨ (   )

20 282(백의 자리)

⇨ (   )

26 3256(십의 자리)

⇨ (   )

21 344(십의 자리)

⇨ (   )

27 5392(천의 자리)

⇨ (   )

22 407(십의 자리)

⇨ (   )

28 7456(백의 자리)

⇨ (   )

23 594(백의 자리)

⇨ (   )

29 8264(천의 자리)

⇨ (   )

24 755(십의 자리)

⇨ (   )

30 9738(십의 자리)

⇨ (   )

31 26567(백의 자리)

⇨ (   )

37 2.3(일의 자리)

⇨ (   )

32 39240(만의 자리)

⇨ (   )

38 3.526(소수 둘째 자리)

⇨ (   )

33 46258(천의 자리)

⇨ (   )

39 4.13(소수 첫째 자리)

⇨ (   )

34 56381(십의 자리)

⇨ (   )

40 5.682(소수 첫째 자리)

⇨ (   )

35 74907(백의 자리)

⇨ (   )

41 7.61(일의 자리)

⇨ (   )

36 88065(만의 자리)

⇨ (   )

42 9.408(소수 둘째 자리)

⇨ (   )

04 계산 Plus+

수 어림하기

🔵 수를 주어진 방법으로 어림하여 각 자리까지 나타내어 보세요.

① 1429(올림)

십의 자리	백의 자리	천의 자리

④ 1.428(버림)

일의 자리	소수 첫째 자리	소수 둘째 자리

② 3.047(올림)

일의 자리	소수 첫째 자리	소수 둘째 자리

⑤ 5126(반올림)

십의 자리	백의 자리	천의 자리

③ 30485(버림)

십의 자리	백의 자리	천의 자리

⑥ 4.259(반올림)

일의 자리	소수 첫째 자리	소수 둘째 자리

◎ 올림, 버림, 반올림하여 주어진 자리까지 나타내어 보세요.

7
368(십의 자리)

올림	버림	반올림

12
63295(백의 자리)

올림	버림	반올림

8
547(백의 자리)

올림	버림	반올림

13
2.415(일의 자리)

올림	버림	반올림

9
2638(천의 자리)

올림	버림	반올림

14
4.089(소수 둘째 자리)

올림	버림	반올림

10
4629(십의 자리)

올림	버림	반올림

15
6.572(소수 첫째 자리)

올림	버림	반올림

11
15248(만의 자리)

올림	버림	반올림

16
7.163(소수 둘째 자리)

올림	버림	반올림

○ 해적 4명 중 보물을 훔친 한 명만 틀린 말을 했습니다. 보물을 훔친 해적을 찾아 ◯표 하세요.

2534를 올림하여
백의 자리까지 나타내면
2600이야.

해적 1

6.259를 버림하여
소수 둘째 자리까지 나타내면
6.25야.

해적 2

3.124를 반올림하여
소수 첫째 자리까지 나타내면
3.2야.

해적 3

75368을 반올림하여
만의 자리까지 나타내면
80000이야.

해적 4

◐ 가로 열쇠와 세로 열쇠를 보고 퍼즐을 완성해 보세요.

가로 열쇠

❶ 168을 올림하여 십의
자리까지 나타내기

❸ 4.75를 반올림하여 소수
첫째 자리까지 나타내기

❹ 32965를 버림하여
만의 자리까지 나타내기

세로 열쇠

❷ 3.61을 올림하여 소수
첫째 자리까지 나타내기

❺ 809를 버림하여 백의
자리까지 나타내기

❻ 5635를 반올림하여
천의 자리까지 나타내기

수 어림하기 평가

⊙ 올림하여 주어진 자리까지 나타내어 보세요.

1. 681(십의 자리)

⇨ (   )

2. 1729(백의 자리)

⇨ (   )

3. 46253(천의 자리)

⇨ (   )

4. 4.9(일의 자리)

⇨ (   )

5. 7.12(소수 첫째 자리)

⇨ (   )

⊙ 버림하여 주어진 자리까지 나타내어 보세요.

6. 324(백의 자리)

⇨ (   )

7. 2681(천의 자리)

⇨ (   )

8. 59046(만의 자리)

⇨ (   )

9. 1.64(소수 첫째 자리)

⇨ (   )

10. 8.735(소수 둘째 자리)

⇨ (   )

● 반올림하여 주어진 자리까지 나타내어 보세요.

⑪
431(십의 자리)

⇨ (　　　　　　　)

⑫
7652(백의 자리)

⇨ (　　　　　　　)

⑬
26954(만의 자리)

⇨ (　　　　　　　)

⑭
3.2(일의 자리)

⇨ (　　　　　　　)

⑮
5.384(소수 첫째 자리)

⇨ (　　　　　　　)

⑯
7.692(소수 둘째 자리)

⇨ (　　　　　　　)

● 수를 주어진 방법으로 어림하여 각 자리까지 나타내어 보세요.

⑰
6284(올림)

십의 자리	백의 자리	천의 자리

⑱
2.248(반올림)

일의 자리	소수 첫째 자리	소수 둘째 자리

● 올림, 버림, 반올림하여 주어진 자리까지 나타내어 보세요.

⑲
43018(백의 자리)

올림	버림	반올림

⑳
9.267(소수 둘째 자리)

올림	버림	반올림

27

2

(분수)×(자연수), (자연수)×(분수), (분수)×(분수)의
곱셈 훈련이 중요한

분수의 곱셈

(진분수)×(자연수)

● $\dfrac{3}{8}×6$의 계산

> (진분수)×(자연수)는 분수의 분모는 그대로 두고, 분자와 자연수를 곱합니다.

곱셈을 다 한 이후에 약분하기: $\dfrac{3}{8}×6=\dfrac{3×6}{8}=\dfrac{\overset{9}{\cancel{18}}}{\underset{4}{\cancel{8}}}=\dfrac{9}{4}=2\dfrac{1}{4}$

곱셈 과정에서 약분하기: $\dfrac{3}{\underset{4}{\cancel{8}}}×\overset{3}{\cancel{6}}=\dfrac{3×3}{4}=\dfrac{9}{4}=2\dfrac{1}{4}$

◉ 계산을 하여 기약분수로 나타내어 보세요.

1 $\dfrac{1}{3}×2=$

4 $\dfrac{1}{3}×6=$

7 $\dfrac{5}{6}×9=$

2 $\dfrac{1}{5}×4=$

5 $\dfrac{3}{4}×2=$

8 $\dfrac{2}{7}×5=$

3 $\dfrac{1}{8}×3=$

6 $\dfrac{2}{5}×10=$

9 $\dfrac{7}{8}×12=$

⑩ $\dfrac{4}{9} \times 3 =$

⑪ $\dfrac{7}{10} \times 5 =$

⑫ $\dfrac{5}{12} \times 4 =$

⑬ $\dfrac{7}{12} \times 24 =$

⑭ $\dfrac{9}{14} \times 8 =$

⑮ $\dfrac{4}{15} \times 5 =$

⑯ $\dfrac{3}{16} \times 20 =$

⑰ $\dfrac{15}{16} \times 8 =$

⑱ $\dfrac{11}{18} \times 4 =$

⑲ $\dfrac{9}{20} \times 5 =$

⑳ $\dfrac{13}{20} \times 2 =$

㉑ $\dfrac{16}{21} \times 9 =$

㉒ $\dfrac{5}{22} \times 6 =$

㉓ $\dfrac{7}{24} \times 16 =$

㉔ $\dfrac{13}{24} \times 4 =$

㉕ $\dfrac{14}{25} \times 10 =$

㉖ $\dfrac{5}{26} \times 13 =$

㉗ $\dfrac{8}{27} \times 15 =$

㉘ $\dfrac{16}{27} \times 9 =$

㉙ $\dfrac{5}{28} \times 21 =$

㉚ $\dfrac{7}{30} \times 15 =$

○ 계산을 하여 기약분수로 나타내어 보세요.

31 $\dfrac{1}{2} \times 5 =$

32 $\dfrac{1}{4} \times 6 =$

33 $\dfrac{1}{6} \times 12 =$

34 $\dfrac{1}{10} \times 12 =$

35 $\dfrac{1}{14} \times 4 =$

36 $\dfrac{1}{15} \times 10 =$

37 $\dfrac{1}{20} \times 5 =$

38 $\dfrac{2}{3} \times 2 =$

39 $\dfrac{3}{5} \times 15 =$

40 $\dfrac{4}{5} \times 4 =$

41 $\dfrac{5}{6} \times 3 =$

42 $\dfrac{4}{7} \times 21 =$

43 $\dfrac{3}{8} \times 4 =$

44 $\dfrac{5}{8} \times 3 =$

45 $\dfrac{2}{9} \times 15 =$

46 $\dfrac{3}{10} \times 20 =$

47 $\dfrac{9}{10} \times 15 =$

48 $\dfrac{11}{12} \times 6 =$

49 $\dfrac{6}{13} \times 26 =$

50 $\dfrac{5}{14} \times 10 =$

51 $\dfrac{8}{15} \times 20 =$

52 $\dfrac{11}{15} \times 6 =$

53 $\dfrac{5}{16} \times 4 =$

54 $\dfrac{7}{18} \times 24 =$

55 $\dfrac{13}{18} \times 9 =$

56 $\dfrac{3}{20} \times 30 =$

57 $\dfrac{8}{21} \times 7 =$

58 $\dfrac{7}{22} \times 11 =$

59 $\dfrac{11}{24} \times 12 =$

60 $\dfrac{6}{25} \times 20 =$

61 $\dfrac{12}{25} \times 15 =$

62 $\dfrac{5}{26} \times 2 =$

63 $\dfrac{8}{27} \times 18 =$

64 $\dfrac{3}{28} \times 7 =$

65 $\dfrac{15}{28} \times 14 =$

66 $\dfrac{11}{30} \times 12 =$

67 $\dfrac{3}{32} \times 24 =$

68 $\dfrac{16}{35} \times 14 =$

69 $\dfrac{17}{36} \times 6 =$

70 $\dfrac{9}{38} \times 2 =$

71 $\dfrac{14}{39} \times 13 =$

72 $\dfrac{9}{40} \times 20 =$

07 (대분수)×(자연수)

○ $1\dfrac{1}{2}×3$의 계산

방법 ① 대분수를 가분수로 바꾸어 계산하기

$$1\dfrac{1}{2}×3=\dfrac{3}{2}×3=\dfrac{3×3}{2}=\dfrac{9}{2}=4\dfrac{1}{2}$$

방법 ② 대분수를 자연수와 진분수의 합으로 바꾸어 계산하기

$$1\dfrac{1}{2}×3=(1×3)+\left(\dfrac{1}{2}×3\right)=3+\dfrac{3}{2}=3+1\dfrac{1}{2}=4\dfrac{1}{2}$$

○ 계산을 하여 기약분수로 나타내어 보세요.

1 $1\dfrac{1}{3}×2=$

2 $1\dfrac{1}{5}×4=$

3 $1\dfrac{1}{8}×7=$

4 $2\dfrac{2}{3}×2=$

5 $1\dfrac{3}{4}×6=$

6 $3\dfrac{2}{5}×7=$

7 $2\dfrac{3}{5}×10=$

8 $1\dfrac{5}{6}×3=$

9 $2\dfrac{4}{7}×3=$

⑩ $4\dfrac{6}{7} \times 2 =$

⑪ $3\dfrac{7}{8} \times 4 =$

⑫ $1\dfrac{2}{9} \times 6 =$

⑬ $4\dfrac{3}{10} \times 2 =$

⑭ $2\dfrac{9}{10} \times 5 =$

⑮ $3\dfrac{4}{11} \times 3 =$

⑯ $1\dfrac{7}{12} \times 4 =$

⑰ $2\dfrac{6}{13} \times 3 =$

⑱ $4\dfrac{5}{14} \times 7 =$

⑲ $3\dfrac{11}{14} \times 2 =$

⑳ $1\dfrac{2}{15} \times 30 =$

㉑ $2\dfrac{3}{16} \times 8 =$

㉒ $1\dfrac{5}{18} \times 6 =$

㉓ $2\dfrac{11}{20} \times 10 =$

㉔ $1\dfrac{8}{21} \times 14 =$

㉕ $3\dfrac{15}{22} \times 11 =$

㉖ $2\dfrac{5}{24} \times 2 =$

㉗ $1\dfrac{9}{25} \times 5 =$

㉘ $2\dfrac{5}{26} \times 2 =$

㉙ $3\dfrac{3}{28} \times 7 =$

㉚ $1\dfrac{7}{30} \times 5 =$

○ 계산을 하여 기약분수로 나타내어 보세요.

㉛ $1\frac{1}{4}\times 2=$

㉜ $1\frac{1}{6}\times 8=$

㉝ $1\frac{1}{7}\times 9=$

㉞ $1\frac{1}{9}\times 6=$

㉟ $1\frac{1}{10}\times 5=$

㊱ $1\frac{1}{11}\times 13=$

㊲ $1\frac{1}{15}\times 10=$

㊳ $1\frac{2}{3}\times 4=$

㊴ $2\frac{3}{4}\times 2=$

㊵ $1\frac{4}{5}\times 5=$

㊶ $2\frac{5}{6}\times 4=$

㊷ $1\frac{3}{7}\times 2=$

㊸ $2\frac{3}{8}\times 2=$

㊹ $3\frac{5}{8}\times 3=$

㊺ $2\frac{4}{9}\times 3=$

㊻ $1\frac{7}{10}\times 5=$

㊼ $3\frac{6}{11}\times 2=$

㊽ $2\frac{5}{12}\times 6=$

㊾ $1\frac{11}{12}\times 2=$

㊿ $2\frac{9}{14}\times 4=$

(51) $3\frac{4}{15}\times 5=$

52 $2\dfrac{7}{15} \times 3 =$

53 $1\dfrac{9}{16} \times 4 =$

54 $2\dfrac{9}{17} \times 2 =$

55 $3\dfrac{7}{18} \times 9 =$

56 $1\dfrac{3}{20} \times 5 =$

57 $2\dfrac{9}{20} \times 4 =$

58 $3\dfrac{4}{21} \times 3 =$

59 $1\dfrac{5}{22} \times 8 =$

60 $3\dfrac{7}{24} \times 4 =$

61 $2\dfrac{3}{25} \times 10 =$

62 $1\dfrac{9}{26} \times 13 =$

63 $2\dfrac{4}{27} \times 9 =$

64 $1\dfrac{5}{28} \times 4 =$

65 $3\dfrac{7}{30} \times 10 =$

66 $2\dfrac{9}{32} \times 2 =$

67 $1\dfrac{2}{33} \times 3 =$

68 $2\dfrac{9}{35} \times 7 =$

69 $3\dfrac{5}{36} \times 9 =$

70 $1\dfrac{17}{36} \times 18 =$

71 $1\dfrac{9}{40} \times 5 =$

72 $2\dfrac{11}{40} \times 10 =$

계산 Plus+

(분수) × (자연수)

◉ **빈칸에 알맞은 기약분수를 써넣으세요.**

1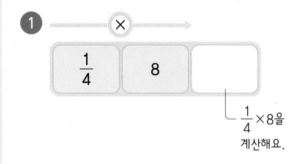

$\dfrac{1}{4}$ | 8

└ $\dfrac{1}{4}×8$을
계산해요.

5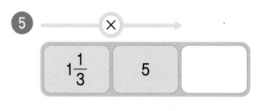

$1\dfrac{1}{3}$ | 5

2

$\dfrac{5}{8}$ | 4

6

$2\dfrac{2}{9}$ | 2

3

$\dfrac{3}{14}$ | 21

7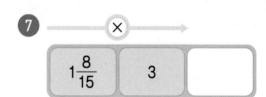

$1\dfrac{8}{15}$ | 3

4

$\dfrac{7}{20}$ | 5

8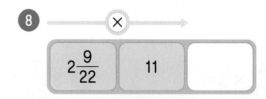

$2\dfrac{9}{22}$ | 11

9

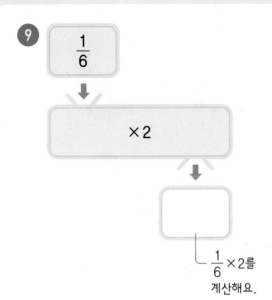

$$\dfrac{1}{6}$$

↓

$$\times 2$$

↓

[　　]

$\dfrac{1}{6} \times 2$를
계산해요.

10

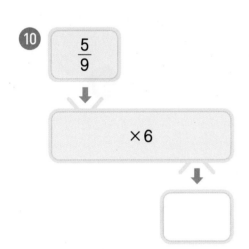

$$\dfrac{5}{9}$$

↓

$$\times 6$$

↓

[　　]

11

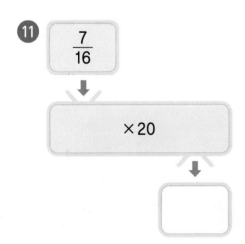

$$\dfrac{7}{16}$$

↓

$$\times 20$$

↓

[　　]

12

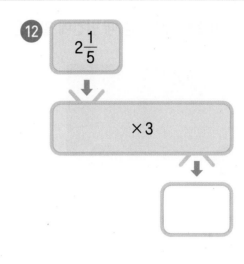

$$2\dfrac{1}{5}$$

↓

$$\times 3$$

↓

[　　]

13

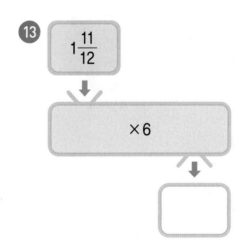

$$1\dfrac{11}{12}$$

↓

$$\times 6$$

↓

[　　]

14

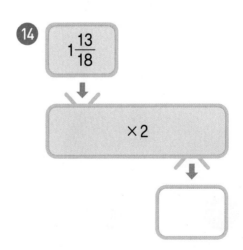

$$1\dfrac{13}{18}$$

↓

$$\times 2$$

↓

[　　]

곱셈 트럭이 미로를 통과했을 때 빈칸에 알맞은 기약분수를 써넣으세요.

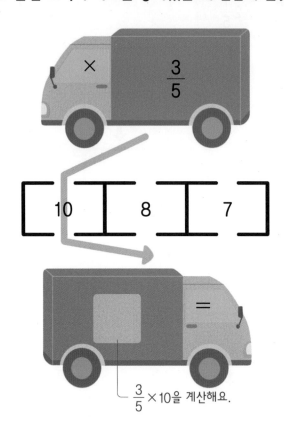

$$\frac{3}{5} \times 10을\ 계산해요.$$

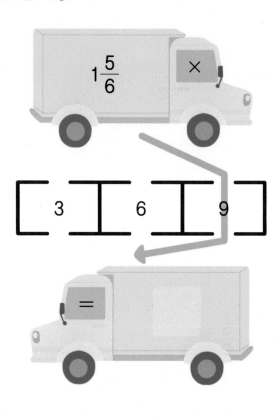

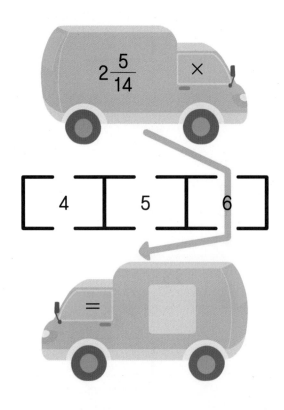

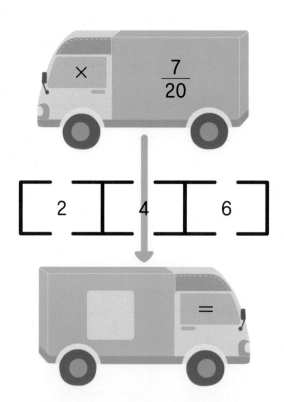

보물이 있는 동굴에 들어가려면 비밀번호가 필요합니다. 계산 결과를 구해 비밀번호를 찾아보세요.

$\dfrac{3}{7} \times 7$	$1\dfrac{9}{10} \times 20$	$\dfrac{10}{13} \times 26$	$1\dfrac{7}{15} \times 15$
㉠	㉡	㉢	㉣

비밀번호는 ㉠ ㉡ ㉢ ㉣ 입니다.

(자연수) × (진분수)

○ $4 \times \dfrac{5}{6}$의 계산

> (자연수)×(진분수)는 분수의 분모는 그대로 두고, 자연수와 분자를 곱합니다.

곱셈을 다 한 이후에 약분하기: $4 \times \dfrac{5}{6} = \dfrac{4 \times 5}{6} = \dfrac{\overset{10}{\cancel{20}}}{\underset{3}{\cancel{6}}} = \dfrac{10}{3} = 3\dfrac{1}{3}$

곱셈 과정에서 약분하기: $\overset{2}{\cancel{4}} \times \dfrac{5}{\underset{3}{\cancel{6}}} = \dfrac{2 \times 5}{3} = \dfrac{10}{3} = 3\dfrac{1}{3}$

○ 계산을 하여 기약분수로 나타내어 보세요.

1 $3 \times \dfrac{1}{5} =$

2 $2 \times \dfrac{1}{7} =$

3 $4 \times \dfrac{1}{9} =$

4 $4 \times \dfrac{2}{3} =$

5 $6 \times \dfrac{3}{4} =$

6 $10 \times \dfrac{4}{5} =$

7 $2 \times \dfrac{5}{6} =$

8 $5 \times \dfrac{3}{7} =$

9 $12 \times \dfrac{3}{8} =$

⑩ $3 \times \dfrac{5}{9} =$

⑪ $15 \times \dfrac{7}{9} =$

⑫ $30 \times \dfrac{3}{10} =$

⑬ $16 \times \dfrac{5}{12} =$

⑭ $8 \times \dfrac{3}{14} =$

⑮ $7 \times \dfrac{13}{14} =$

⑯ $9 \times \dfrac{7}{15} =$

⑰ $20 \times \dfrac{9}{16} =$

⑱ $24 \times \dfrac{11}{16} =$

⑲ $9 \times \dfrac{5}{18} =$

⑳ $4 \times \dfrac{9}{20} =$

㉑ $25 \times \dfrac{13}{20} =$

㉒ $14 \times \dfrac{4}{21} =$

㉓ $4 \times \dfrac{9}{22} =$

㉔ $8 \times \dfrac{17}{24} =$

㉕ $10 \times \dfrac{8}{25} =$

㉖ $12 \times \dfrac{9}{26} =$

㉗ $9 \times \dfrac{10}{27} =$

㉘ $21 \times \dfrac{14}{27} =$

㉙ $4 \times \dfrac{9}{28} =$

㉚ $20 \times \dfrac{7}{30} =$

● 계산을 하여 기약분수로 나타내어 보세요.

31 $4 \times \dfrac{1}{3} =$

32 $12 \times \dfrac{1}{4} =$

33 $14 \times \dfrac{1}{8} =$

34 $8 \times \dfrac{1}{12} =$

35 $20 \times \dfrac{1}{15} =$

36 $12 \times \dfrac{1}{16} =$

37 $8 \times \dfrac{1}{20} =$

38 $8 \times \dfrac{3}{4} =$

39 $3 \times \dfrac{2}{5} =$

40 $15 \times \dfrac{4}{5} =$

41 $8 \times \dfrac{5}{6} =$

42 $4 \times \dfrac{2}{7} =$

43 $5 \times \dfrac{6}{7} =$

44 $20 \times \dfrac{7}{8} =$

45 $6 \times \dfrac{4}{9} =$

46 $15 \times \dfrac{7}{10} =$

47 $14 \times \dfrac{9}{10} =$

48 $4 \times \dfrac{11}{12} =$

49 $7 \times \dfrac{3}{14} =$

50 $20 \times \dfrac{2}{15} =$

51 $12 \times \dfrac{3}{16} =$

52 $24 \times \dfrac{7}{16} =$

53 $5 \times \dfrac{4}{17} =$

54 $6 \times \dfrac{13}{18} =$

55 $15 \times \dfrac{3}{20} =$

56 $12 \times \dfrac{2}{21} =$

57 $7 \times \dfrac{10}{21} =$

58 $2 \times \dfrac{15}{22} =$

59 $16 \times \dfrac{5}{24} =$

60 $4 \times \dfrac{19}{24} =$

61 $30 \times \dfrac{3}{25} =$

62 $4 \times \dfrac{7}{26} =$

63 $24 \times \dfrac{10}{27} =$

64 $14 \times \dfrac{11}{28} =$

65 $10 \times \dfrac{17}{30} =$

66 $8 \times \dfrac{5}{32} =$

67 $22 \times \dfrac{8}{33} =$

68 $17 \times \dfrac{13}{34} =$

69 $7 \times \dfrac{4}{35} =$

70 $18 \times \dfrac{7}{36} =$

71 $4 \times \dfrac{15}{38} =$

72 $15 \times \dfrac{3}{40} =$

(자연수) × (대분수)

$4 \times 1\frac{1}{6}$ 의 계산

방법 1 대분수를 가분수로 바꾸어 계산하기

$$4 \times 1\frac{1}{6} = \overset{2}{\cancel{4}} \times \frac{7}{\underset{3}{\cancel{6}}} = \frac{2 \times 7}{3} = \frac{14}{3} = 4\frac{2}{3}$$

방법 2 대분수를 자연수와 진분수의 합으로 바꾸어 계산하기

$$4 \times 1\frac{1}{6} = (4 \times 1) + \left(\overset{2}{\cancel{4}} \times \frac{1}{\underset{3}{\cancel{6}}}\right) = 4 + \frac{2}{3} = 4\frac{2}{3}$$

◎ 계산을 하여 기약분수로 나타내어 보세요.

❶ $6 \times 1\frac{1}{2} =$

❹ $3 \times 1\frac{2}{3} =$

❼ $4 \times 3\frac{4}{5} =$

❷ $5 \times 1\frac{1}{6} =$

❺ $3 \times 2\frac{3}{4} =$

❽ $2 \times 1\frac{5}{6} =$

❸ $4 \times 1\frac{1}{7} =$

❻ $2 \times 2\frac{3}{5} =$

❾ $5 \times 2\frac{2}{7} =$

⑩ $4 \times 1\dfrac{3}{8} =$

⑰ $4 \times 2\dfrac{6}{13} =$

㉔ $2 \times 1\dfrac{17}{20} =$

⑪ $2 \times 2\dfrac{7}{8} =$

⑱ $2 \times 1\dfrac{3}{14} =$

㉕ $7 \times 2\dfrac{5}{21} =$

⑫ $4 \times 1\dfrac{4}{9} =$

⑲ $10 \times 3\dfrac{4}{15} =$

㉖ $12 \times 1\dfrac{13}{24} =$

⑬ $2 \times 3\dfrac{7}{9} =$

⑳ $5 \times 2\dfrac{8}{15} =$

㉗ $5 \times 3\dfrac{2}{25} =$

⑭ $4 \times 2\dfrac{3}{10} =$

㉑ $2 \times 1\dfrac{7}{16} =$

㉘ $3 \times 1\dfrac{8}{27} =$

⑮ $2 \times 1\dfrac{5}{12} =$

㉒ $3 \times 1\dfrac{11}{18} =$

㉙ $2 \times 2\dfrac{9}{28} =$

⑯ $3 \times 3\dfrac{11}{12} =$

㉓ $4 \times 2\dfrac{3}{20} =$

㉚ $6 \times 1\dfrac{23}{30} =$

● 계산을 하여 기약분수로 나타내어 보세요.

③1 $4 \times 1\dfrac{1}{3} =$

③2 $6 \times 1\dfrac{1}{4} =$

③3 $7 \times 1\dfrac{1}{5} =$

③4 $4 \times 1\dfrac{1}{8} =$

③5 $3 \times 1\dfrac{1}{12} =$

③6 $8 \times 1\dfrac{1}{16} =$

③7 $6 \times 1\dfrac{1}{20} =$

③8 $5 \times 2\dfrac{2}{3} =$

③9 $8 \times 1\dfrac{3}{4} =$

④0 $10 \times 1\dfrac{2}{5} =$

④1 $8 \times 2\dfrac{5}{6} =$

④2 $5 \times 1\dfrac{3}{7} =$

④3 $2 \times 3\dfrac{6}{7} =$

④4 $4 \times 2\dfrac{5}{8} =$

④5 $3 \times 2\dfrac{2}{9} =$

④6 $4 \times 1\dfrac{5}{9} =$

④7 $5 \times 2\dfrac{7}{10} =$

④8 $3 \times 3\dfrac{7}{12} =$

④9 $6 \times 1\dfrac{5}{14} =$

⑤0 $2 \times 2\dfrac{13}{14} =$

⑤1 $5 \times 1\dfrac{8}{15} =$

52. $4 \times 3\dfrac{5}{16} =$

53. $8 \times 1\dfrac{11}{16} =$

54. $3 \times 2\dfrac{13}{18} =$

55. $2 \times 1\dfrac{17}{18} =$

56. $10 \times 3\dfrac{7}{20} =$

57. $6 \times 1\dfrac{10}{21} =$

58. $4 \times 2\dfrac{7}{22} =$

59. $8 \times 1\dfrac{5}{24} =$

60. $10 \times 3\dfrac{4}{25} =$

61. $3 \times 1\dfrac{11}{25} =$

62. $13 \times 2\dfrac{3}{26} =$

63. $6 \times 2\dfrac{2}{27} =$

64. $9 \times 1\dfrac{10}{27} =$

65. $4 \times 1\dfrac{9}{28} =$

66. $3 \times 1\dfrac{11}{30} =$

67. $8 \times 2\dfrac{3}{32} =$

68. $2 \times 1\dfrac{5}{34} =$

69. $5 \times 3\dfrac{8}{35} =$

70. $4 \times 1\dfrac{7}{36} =$

71. $2 \times 2\dfrac{5}{38} =$

72. $8 \times 1\dfrac{7}{40} =$

11 계산 Plus+

(자연수)×(분수)

○ 빈칸에 알맞은 기약분수를 써넣으세요.

1

$\times\dfrac{1}{2}$

4 → ☐

$4\times\dfrac{1}{2}$을 계산해요.

2

$\times\dfrac{3}{5}$

10 → ☐

3

$\times\dfrac{4}{7}$

3 → ☐

4

$\times\dfrac{9}{10}$

15 → ☐

5

$\times1\dfrac{2}{3}$

5 → ☐

6

$\times3\dfrac{2}{9}$

6 → ☐

7

$\times1\dfrac{5}{12}$

4 → ☐

8

$\times2\dfrac{8}{15}$

3 → ☐

9 15 → $\times\dfrac{2}{3}$ → ☐

$15\times\dfrac{2}{3}$ 를 계산해요.

14 2 → $\times 3\dfrac{1}{4}$ → ☐

10 3 → $\times\dfrac{7}{12}$ → ☐

15 8 → $\times 1\dfrac{3}{10}$ → ☐

11 7 → $\times\dfrac{9}{14}$ → ☐

16 4 → $\times 2\dfrac{7}{16}$ → ☐

12 12 → $\times\dfrac{5}{18}$ → ☐

17 5 → $\times 2\dfrac{7}{20}$ → ☐

13 6 → $\times\dfrac{13}{24}$ → ☐

18 9 → $\times 1\dfrac{5}{27}$ → ☐

$3 \times 1\frac{7}{27}$

$4 \times \frac{11}{28}$

$6 \times \frac{1}{8}$

$3 \times 1\frac{4}{5}$

$7 \times 2\frac{3}{14}$

$8 \times \frac{5}{12}$

$\frac{3}{4}$ $1\frac{4}{7}$ $3\frac{1}{3}$ $3\frac{7}{9}$ $5\frac{2}{5}$ $15\frac{1}{2}$

개구리는 계산 결과가 맞는 식이 적힌 곳에만 앉을 수 있습니다.
개구리가 앉을 수 있는 곳에 모두 ◯표 하세요.

$6 \times 1\frac{11}{24} = 9\frac{1}{4}$

$7 \times 1\frac{3}{28} = 7\frac{3}{4}$

$7 \times \frac{1}{5} = \frac{2}{5}$

$3 \times 2\frac{5}{18} = 6\frac{5}{6}$

$6 \times 1\frac{5}{6} = 6\frac{5}{6}$

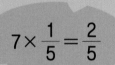
$10 \times \frac{2}{15} = 1\frac{1}{3}$

$4 \times \frac{9}{16} = 1\frac{1}{4}$

$4 \times 3\frac{1}{2} = 14$

$12 \times \frac{4}{21} = \frac{4}{7}$

(진분수)×(진분수)

$\dfrac{3}{4} \times \dfrac{2}{5}$의 계산

> (진분수)×(진분수)는 분자는 분자끼리, 분모는 분모끼리 곱합니다.

곱셈을 다 한 이후에 약분하기: $\dfrac{3}{4} \times \dfrac{2}{5} = \dfrac{3 \times 2}{4 \times 5} = \dfrac{\overset{3}{\cancel{6}}}{\underset{10}{\cancel{20}}} = \dfrac{3}{10}$

곱셈 과정에서 약분하기: $\dfrac{3}{\underset{2}{\cancel{4}}} \times \dfrac{\overset{1}{\cancel{2}}}{5} = \dfrac{3 \times 1}{2 \times 5} = \dfrac{3}{10}$

◯ 계산을 하여 기약분수로 나타내어 보세요.

❶ $\dfrac{1}{2} \times \dfrac{1}{4} =$

❹ $\dfrac{2}{3} \times \dfrac{3}{4} =$

❼ $\dfrac{5}{6} \times \dfrac{3}{8} =$

❷ $\dfrac{1}{5} \times \dfrac{1}{7} =$

❺ $\dfrac{3}{4} \times \dfrac{2}{7} =$

❽ $\dfrac{4}{7} \times \dfrac{1}{6} =$

❸ $\dfrac{1}{6} \times \dfrac{1}{3} =$

❻ $\dfrac{3}{5} \times \dfrac{2}{9} =$

❾ $\dfrac{5}{7} \times \dfrac{3}{10} =$

⑩ $\dfrac{5}{8} \times \dfrac{4}{9} =$

⑰ $\dfrac{9}{14} \times \dfrac{7}{9} =$

㉔ $\dfrac{4}{21} \times \dfrac{6}{13} =$

⑪ $\dfrac{2}{9} \times \dfrac{2}{3} =$

⑱ $\dfrac{2}{15} \times \dfrac{3}{4} =$

㉕ $\dfrac{9}{22} \times \dfrac{2}{7} =$

⑫ $\dfrac{7}{9} \times \dfrac{3}{5} =$

⑲ $\dfrac{11}{15} \times \dfrac{5}{7} =$

㉖ $\dfrac{13}{24} \times \dfrac{8}{9} =$

⑬ $\dfrac{9}{10} \times \dfrac{5}{6} =$

⑳ $\dfrac{7}{16} \times \dfrac{8}{11} =$

㉗ $\dfrac{6}{25} \times \dfrac{5}{6} =$

⑭ $\dfrac{6}{11} \times \dfrac{7}{8} =$

㉑ $\dfrac{6}{17} \times \dfrac{2}{3} =$

㉘ $\dfrac{10}{27} \times \dfrac{9}{14} =$

⑮ $\dfrac{5}{12} \times \dfrac{7}{15} =$

㉒ $\dfrac{7}{18} \times \dfrac{6}{7} =$

㉙ $\dfrac{5}{28} \times \dfrac{4}{7} =$

⑯ $\dfrac{6}{13} \times \dfrac{3}{10} =$

㉓ $\dfrac{3}{20} \times \dfrac{4}{5} =$

㉚ $\dfrac{11}{30} \times \dfrac{15}{16} =$

● 계산을 하여 기약분수로 나타내어 보세요.

31 $\dfrac{1}{3} \times \dfrac{1}{2} =$

32 $\dfrac{1}{4} \times \dfrac{1}{5} =$

33 $\dfrac{1}{5} \times \dfrac{1}{8} =$

34 $\dfrac{1}{6} \times \dfrac{1}{4} =$

35 $\dfrac{1}{7} \times \dfrac{1}{3} =$

36 $\dfrac{1}{8} \times \dfrac{1}{6} =$

37 $\dfrac{1}{10} \times \dfrac{1}{9} =$

38 $\dfrac{3}{4} \times \dfrac{8}{9} =$

39 $\dfrac{2}{5} \times \dfrac{5}{11} =$

40 $\dfrac{4}{5} \times \dfrac{10}{17} =$

41 $\dfrac{5}{6} \times \dfrac{6}{7} =$

42 $\dfrac{3}{7} \times \dfrac{1}{6} =$

43 $\dfrac{7}{8} \times \dfrac{2}{9} =$

44 $\dfrac{4}{9} \times \dfrac{5}{12} =$

45 $\dfrac{3}{10} \times \dfrac{2}{9} =$

46 $\dfrac{7}{10} \times \dfrac{5}{21} =$

47 $\dfrac{4}{11} \times \dfrac{3}{8} =$

48 $\dfrac{7}{12} \times \dfrac{6}{11} =$

49 $\dfrac{6}{13} \times \dfrac{5}{6} =$

50 $\dfrac{3}{14} \times \dfrac{2}{7} =$

51 $\dfrac{7}{15} \times \dfrac{3}{4} =$

52 $\dfrac{3}{16} \times \dfrac{6}{7} =$

53 $\dfrac{15}{16} \times \dfrac{8}{9} =$

54 $\dfrac{8}{17} \times \dfrac{5}{12} =$

55 $\dfrac{5}{18} \times \dfrac{9}{10} =$

56 $\dfrac{12}{19} \times \dfrac{17}{24} =$

57 $\dfrac{7}{20} \times \dfrac{4}{7} =$

58 $\dfrac{5}{21} \times \dfrac{3}{10} =$

59 $\dfrac{13}{22} \times \dfrac{11}{16} =$

60 $\dfrac{7}{24} \times \dfrac{4}{5} =$

61 $\dfrac{12}{25} \times \dfrac{5}{8} =$

62 $\dfrac{15}{26} \times \dfrac{2}{5} =$

63 $\dfrac{10}{27} \times \dfrac{6}{7} =$

64 $\dfrac{9}{28} \times \dfrac{1}{6} =$

65 $\dfrac{13}{30} \times \dfrac{10}{17} =$

66 $\dfrac{5}{32} \times \dfrac{4}{9} =$

67 $\dfrac{8}{33} \times \dfrac{3}{4} =$

68 $\dfrac{9}{34} \times \dfrac{2}{15} =$

69 $\dfrac{16}{35} \times \dfrac{5}{8} =$

70 $\dfrac{25}{36} \times \dfrac{9}{10} =$

71 $\dfrac{5}{38} \times \dfrac{2}{5} =$

72 $\dfrac{19}{40} \times \dfrac{8}{15} =$

13 (대분수) × (진분수)

○ $1\dfrac{1}{2} \times \dfrac{2}{5}$의 계산

방법 ① 대분수를 가분수로 바꾸어 계산하기

$$1\dfrac{1}{2} \times \dfrac{2}{5} = \dfrac{3}{\cancel{2}_1} \times \dfrac{\cancel{2}^1}{5} = \dfrac{3}{5}$$

방법 ② 대분수를 자연수와 진분수의 합으로 바꾸어 계산하기

$$1\dfrac{1}{2} \times \dfrac{2}{5} = \left(1 \times \dfrac{2}{5}\right) + \left(\dfrac{1}{\cancel{2}_1} \times \dfrac{\cancel{2}^1}{5}\right) = \dfrac{2}{5} + \dfrac{1}{5} = \dfrac{3}{5}$$

○ 계산을 하여 기약분수로 나타내어 보세요.

1 $1\dfrac{1}{3} \times \dfrac{3}{5} =$

2 $1\dfrac{1}{7} \times \dfrac{5}{8} =$

3 $1\dfrac{1}{10} \times \dfrac{2}{7} =$

4 $1\dfrac{2}{3} \times \dfrac{2}{5} =$

5 $3\dfrac{3}{4} \times \dfrac{3}{10} =$

6 $2\dfrac{2}{5} \times \dfrac{3}{4} =$

7 $1\dfrac{5}{6} \times \dfrac{3}{7} =$

8 $3\dfrac{3}{7} \times \dfrac{3}{8} =$

9 $2\dfrac{6}{7} \times \dfrac{4}{5} =$

⑩ $1\dfrac{5}{8} \times \dfrac{2}{9} =$

⑰ $1\dfrac{2}{13} \times \dfrac{3}{10} =$

㉔ $1\dfrac{4}{21} \times \dfrac{7}{10} =$

⑪ $3\dfrac{2}{9} \times \dfrac{6}{7} =$

⑱ $1\dfrac{5}{14} \times \dfrac{7}{8} =$

㉕ $2\dfrac{7}{22} \times \dfrac{11}{17} =$

⑫ $1\dfrac{7}{9} \times \dfrac{3}{8} =$

⑲ $2\dfrac{4}{15} \times \dfrac{5}{17} =$

㉖ $1\dfrac{11}{24} \times \dfrac{3}{14} =$

⑬ $2\dfrac{3}{10} \times \dfrac{5}{6} =$

⑳ $1\dfrac{7}{15} \times \dfrac{10}{11} =$

㉗ $1\dfrac{9}{25} \times \dfrac{5}{6} =$

⑭ $1\dfrac{9}{10} \times \dfrac{2}{5} =$

㉑ $1\dfrac{5}{16} \times \dfrac{4}{7} =$

㉘ $2\dfrac{5}{26} \times \dfrac{2}{9} =$

⑮ $1\dfrac{7}{11} \times \dfrac{4}{9} =$

㉒ $2\dfrac{7}{18} \times \dfrac{9}{14} =$

㉙ $1\dfrac{11}{27} \times \dfrac{18}{19} =$

⑯ $2\dfrac{5}{12} \times \dfrac{6}{7} =$

㉓ $1\dfrac{7}{20} \times \dfrac{4}{9} =$

㉚ $1\dfrac{7}{30} \times \dfrac{10}{19} =$

○ 계산을 하여 기약분수로 나타내어 보세요.

31 $1\dfrac{1}{4} \times \dfrac{2}{5} =$

32 $1\dfrac{1}{5} \times \dfrac{2}{3} =$

33 $1\dfrac{1}{6} \times \dfrac{2}{9} =$

34 $1\dfrac{1}{9} \times \dfrac{5}{12} =$

35 $1\dfrac{1}{12} \times \dfrac{6}{7} =$

36 $1\dfrac{1}{15} \times \dfrac{5}{8} =$

37 $1\dfrac{1}{20} \times \dfrac{4}{7} =$

38 $2\dfrac{3}{4} \times \dfrac{4}{5} =$

39 $1\dfrac{3}{5} \times \dfrac{1}{2} =$

40 $2\dfrac{4}{5} \times \dfrac{3}{7} =$

41 $1\dfrac{5}{6} \times \dfrac{3}{8} =$

42 $2\dfrac{2}{7} \times \dfrac{3}{4} =$

43 $1\dfrac{3}{8} \times \dfrac{4}{5} =$

44 $3\dfrac{2}{9} \times \dfrac{9}{10} =$

45 $2\dfrac{7}{9} \times \dfrac{3}{5} =$

46 $1\dfrac{3}{10} \times \dfrac{5}{7} =$

47 $2\dfrac{2}{11} \times \dfrac{5}{8} =$

48 $1\dfrac{7}{12} \times \dfrac{8}{9} =$

49 $2\dfrac{11}{12} \times \dfrac{4}{5} =$

50 $3\dfrac{5}{13} \times \dfrac{7}{11} =$

51 $1\dfrac{3}{14} \times \dfrac{2}{9} =$

52 $2\dfrac{11}{14} \times \dfrac{2}{13} =$

59 $3\dfrac{3}{20} \times \dfrac{4}{9} =$

66 $1\dfrac{17}{25} \times \dfrac{5}{7} =$

53 $1\dfrac{2}{15} \times \dfrac{3}{5} =$

60 $2\dfrac{9}{20} \times \dfrac{5}{7} =$

67 $1\dfrac{19}{26} \times \dfrac{13}{15} =$

54 $1\dfrac{3}{16} \times \dfrac{8}{9} =$

61 $2\dfrac{8}{21} \times \dfrac{3}{5} =$

68 $2\dfrac{2}{27} \times \dfrac{3}{8} =$

55 $2\dfrac{2}{17} \times \dfrac{5}{12} =$

62 $1\dfrac{3}{22} \times \dfrac{4}{5} =$

69 $1\dfrac{22}{27} \times \dfrac{6}{7} =$

56 $2\dfrac{7}{18} \times \dfrac{2}{9} =$

63 $1\dfrac{7}{23} \times \dfrac{2}{3} =$

70 $1\dfrac{5}{28} \times \dfrac{8}{11} =$

57 $1\dfrac{17}{18} \times \dfrac{6}{7} =$

64 $2\dfrac{7}{24} \times \dfrac{4}{11} =$

71 $1\dfrac{11}{29} \times \dfrac{3}{4} =$

58 $1\dfrac{5}{19} \times \dfrac{5}{6} =$

65 $2\dfrac{6}{25} \times \dfrac{10}{21} =$

72 $1\dfrac{11}{30} \times \dfrac{5}{6} =$

14 (대분수)×(대분수)

○ $1\frac{2}{3} \times 1\frac{1}{5}$ 의 계산

방법 ① 대분수를 가분수로 바꾸어 계산하기

$$1\frac{2}{3} \times 1\frac{1}{5} = \frac{\cancel{5}}{\cancel{3}} \times \frac{\cancel{6}}{\cancel{5}} = 2$$

방법 ② 대분수를 자연수와 진분수의 합으로 바꾸어 계산하기

$$1\frac{2}{3} \times 1\frac{1}{5} = \left(1\frac{2}{3} \times 1\right) + \left(1\frac{2}{3} \times \frac{1}{5}\right)$$

$$= 1\frac{2}{3} + \left(\frac{\cancel{5}}{3} \times \frac{1}{\cancel{5}}\right) = 1\frac{2}{3} + \frac{1}{3} = 2$$

○ 계산을 하여 기약분수로 나타내어 보세요.

1 $1\frac{1}{3} \times 1\frac{1}{5} =$

2 $1\frac{1}{6} \times 1\frac{1}{7} =$

3 $1\frac{1}{8} \times 1\frac{1}{6} =$

4 $1\frac{2}{3} \times 2\frac{1}{2} =$

5 $2\frac{3}{4} \times 1\frac{3}{5} =$

6 $1\frac{1}{5} \times 2\frac{2}{3} =$

7 $3\frac{1}{5} \times 2\frac{1}{4} =$

8 $1\frac{5}{6} \times 1\frac{5}{7} =$

9 $1\frac{3}{7} \times 2\frac{1}{2} =$

⑩ $1\dfrac{3}{8} \times 1\dfrac{7}{9} =$

⑰ $1\dfrac{2}{13} \times 1\dfrac{1}{3} =$

㉔ $1\dfrac{7}{20} \times 1\dfrac{7}{9} =$

⑪ $2\dfrac{7}{8} \times 2\dfrac{2}{5} =$

⑱ $2\dfrac{5}{14} \times 1\dfrac{10}{11} =$

㉕ $2\dfrac{2}{21} \times 1\dfrac{3}{4} =$

⑫ $1\dfrac{5}{9} \times 1\dfrac{5}{7} =$

⑲ $1\dfrac{7}{15} \times 1\dfrac{3}{7} =$

㉖ $1\dfrac{3}{25} \times 3\dfrac{3}{4} =$

⑬ $2\dfrac{7}{10} \times 2\dfrac{2}{9} =$

⑳ $1\dfrac{5}{16} \times 1\dfrac{5}{7} =$

㉗ $2\dfrac{4}{25} \times 1\dfrac{1}{9} =$

⑭ $3\dfrac{7}{11} \times 1\dfrac{7}{8} =$

㉑ $2\dfrac{6}{17} \times 1\dfrac{1}{8} =$

㉘ $2\dfrac{2}{27} \times 1\dfrac{7}{8} =$

⑮ $2\dfrac{1}{12} \times 2\dfrac{1}{10} =$

㉒ $1\dfrac{5}{18} \times 2\dfrac{1}{4} =$

㉙ $1\dfrac{17}{28} \times 1\dfrac{2}{5} =$

⑯ $1\dfrac{5}{12} \times 2\dfrac{4}{7} =$

㉓ $2\dfrac{7}{19} \times 2\dfrac{1}{9} =$

㉚ $2\dfrac{1}{30} \times 1\dfrac{3}{7} =$

○ 계산을 하여 기약분수로 나타내어 보세요.

㉛ $1\frac{1}{2} \times 1\frac{1}{4} =$

㉜ $1\frac{1}{5} \times 1\frac{1}{9} =$

㉝ $1\frac{1}{6} \times 1\frac{1}{3} =$

㉞ $1\frac{1}{8} \times 1\frac{1}{12} =$

㉟ $1\frac{1}{9} \times 1\frac{1}{2} =$

㊱ $1\frac{1}{10} \times 1\frac{1}{4} =$

㊲ $1\frac{1}{11} \times 1\frac{1}{6} =$

㊳ $3\frac{1}{2} \times 1\frac{3}{7} =$

㊴ $3\frac{1}{3} \times 1\frac{2}{5} =$

㊵ $2\frac{2}{3} \times 2\frac{1}{4} =$

㊶ $2\frac{1}{4} \times 1\frac{1}{6} =$

㊷ $1\frac{3}{4} \times 1\frac{3}{5} =$

㊸ $1\frac{3}{5} \times 3\frac{1}{3} =$

㊹ $2\frac{4}{5} \times 1\frac{4}{7} =$

㊺ $2\frac{5}{6} \times 2\frac{4}{7} =$

㊻ $2\frac{1}{7} \times 1\frac{4}{5} =$

㊼ $1\frac{5}{7} \times 1\frac{2}{3} =$

㊽ $3\frac{1}{8} \times 1\frac{3}{10} =$

㊾ $2\frac{5}{8} \times 3\frac{1}{3} =$

㊿ $2\frac{2}{9} \times 1\frac{1}{4} =$

(51) $3\frac{5}{9} \times 1\frac{3}{8} =$

(52) $1\frac{3}{10}\times1\frac{2}{3}=$

(53) $2\frac{2}{11}\times1\frac{5}{6}=$

(54) $1\frac{4}{11}\times1\frac{2}{5}=$

(55) $1\frac{1}{12}\times1\frac{3}{5}=$

(56) $1\frac{5}{13}\times1\frac{7}{9}=$

(57) $1\frac{11}{14}\times1\frac{2}{5}=$

(58) $2\frac{2}{15}\times1\frac{1}{8}=$

(59) $2\frac{8}{15}\times2\frac{1}{2}=$

(60) $2\frac{3}{16}\times1\frac{3}{5}=$

(61) $1\frac{3}{17}\times2\frac{1}{4}=$

(62) $3\frac{1}{18}\times1\frac{5}{11}=$

(63) $1\frac{2}{19}\times1\frac{2}{7}=$

(64) $1\frac{13}{20}\times1\frac{9}{11}=$

(65) $1\frac{4}{21}\times1\frac{2}{5}=$

(66) $2\frac{1}{22}\times1\frac{2}{9}=$

(67) $1\frac{11}{24}\times1\frac{5}{7}=$

(68) $1\frac{2}{25}\times1\frac{1}{9}=$

(69) $2\frac{3}{26}\times2\frac{3}{5}=$

(70) $1\frac{5}{27}\times1\frac{1}{8}=$

(71) $2\frac{9}{28}\times2\frac{4}{5}=$

(72) $1\frac{19}{30}\times1\frac{3}{7}=$

15 세 분수의 곱셈

$\dfrac{3}{4} \times \dfrac{4}{5} \times \dfrac{1}{7}$의 계산

방법 ① 두 분수씩 계산하기

$$\dfrac{3}{4} \times \dfrac{4}{5} \times \dfrac{1}{7} = \left(\dfrac{3}{4} \times \dfrac{4}{5} \right) \times \dfrac{1}{7} = \dfrac{3}{5} \times \dfrac{1}{7} = \dfrac{3}{35}$$

방법 ② 세 분수를 한꺼번에 계산하기

$$\dfrac{3}{4} \times \dfrac{4}{5} \times \dfrac{1}{7} = \dfrac{3 \times 4 \times 1}{4 \times 5 \times 7} = \dfrac{3}{35}$$

○ 계산을 하여 기약분수로 나타내어 보세요.

① $\dfrac{1}{2} \times \dfrac{1}{3} \times \dfrac{1}{7} =$

④ $\dfrac{1}{5} \times \dfrac{5}{9} \times \dfrac{1}{6} =$

② $\dfrac{1}{4} \times \dfrac{1}{6} \times \dfrac{1}{5} =$

⑤ $\dfrac{1}{8} \times \dfrac{4}{5} \times \dfrac{2}{7} =$

③ $\dfrac{1}{3} \times \dfrac{1}{4} \times \dfrac{6}{7} =$

⑥ $\dfrac{4}{9} \times \dfrac{1}{5} \times \dfrac{3}{8} =$

⑦ $\dfrac{3}{4} \times \dfrac{2}{5} \times \dfrac{5}{9} =$

⑭ $\dfrac{5}{8} \times \dfrac{2}{3} \times 1\dfrac{1}{5} =$

⑧ $\dfrac{4}{7} \times \dfrac{3}{5} \times \dfrac{5}{6} =$

⑮ $\dfrac{5}{6} \times 3\dfrac{1}{2} \times \dfrac{3}{7} =$

⑨ $\dfrac{5}{8} \times \dfrac{4}{9} \times \dfrac{3}{7} =$

⑯ $2\dfrac{1}{3} \times \dfrac{4}{9} \times \dfrac{6}{7} =$

⑩ $\dfrac{4}{9} \times \dfrac{6}{7} \times \dfrac{14}{15} =$

⑰ $\dfrac{2}{7} \times 2\dfrac{2}{5} \times 1\dfrac{3}{4} =$

⑪ $\dfrac{3}{5} \times \dfrac{7}{10} \times 10 =$

⑱ $1\dfrac{2}{5} \times \dfrac{4}{5} \times 3\dfrac{1}{8} =$

⑫ $\dfrac{2}{7} \times 2\dfrac{4}{5} \times 3 =$

⑲ $2\dfrac{3}{4} \times 2\dfrac{2}{9} \times \dfrac{2}{5} =$

⑬ $1\dfrac{2}{3} \times 1\dfrac{7}{8} \times 4 =$

⑳ $1\dfrac{3}{7} \times 3\dfrac{1}{9} \times 2\dfrac{1}{4} =$

○ 계산을 하여 기약분수로 나타내어 보세요.

21 $\dfrac{1}{2} \times \dfrac{1}{4} \times \dfrac{1}{9} =$

28 $\dfrac{1}{5} \times \dfrac{5}{6} \times \dfrac{2}{9} =$

22 $\dfrac{1}{3} \times \dfrac{1}{5} \times \dfrac{5}{8} =$

29 $\dfrac{7}{8} \times \dfrac{1}{7} \times \dfrac{3}{5} =$

23 $\dfrac{1}{7} \times \dfrac{2}{5} \times \dfrac{1}{4} =$

30 $\dfrac{4}{9} \times \dfrac{6}{7} \times \dfrac{1}{4} =$

24 $\dfrac{9}{10} \times \dfrac{1}{3} \times \dfrac{1}{6} =$

31 $\dfrac{2}{5} \times \dfrac{5}{6} \times \dfrac{3}{4} =$

25 $\dfrac{1}{6} \times \dfrac{1}{2} \times \dfrac{3}{7} =$

32 $\dfrac{2}{9} \times \dfrac{4}{5} \times \dfrac{3}{8} =$

26 $\dfrac{1}{9} \times \dfrac{6}{7} \times \dfrac{1}{2} =$

33 $\dfrac{5}{8} \times \dfrac{2}{7} \times \dfrac{3}{5} =$

27 $\dfrac{8}{9} \times \dfrac{1}{5} \times \dfrac{1}{4} =$

34 $\dfrac{4}{11} \times \dfrac{5}{6} \times \dfrac{2}{5} =$

㉟ $\dfrac{5}{8} \times \dfrac{4}{9} \times 3 =$

㊷ $1\dfrac{1}{3} \times \dfrac{3}{10} \times \dfrac{5}{9} =$

㊱ $\dfrac{5}{12} \times 4 \times \dfrac{2}{3} =$

㊸ $\dfrac{3}{8} \times 1\dfrac{5}{6} \times \dfrac{4}{11} =$

㊲ $1\dfrac{2}{3} \times \dfrac{6}{7} \times 5 =$

㊹ $\dfrac{2}{3} \times \dfrac{7}{12} \times 2\dfrac{2}{5} =$

㊳ $2\dfrac{1}{4} \times 2 \times \dfrac{2}{3} =$

㊺ $1\dfrac{1}{4} \times 3\dfrac{3}{7} \times \dfrac{2}{5} =$

㊴ $3 \times \dfrac{4}{9} \times 1\dfrac{7}{8} =$

㊻ $2\dfrac{8}{9} \times \dfrac{3}{8} \times 1\dfrac{1}{2} =$

㊵ $2 \times 1\dfrac{6}{7} \times 1\dfrac{1}{6} =$

㊼ $\dfrac{5}{6} \times 2\dfrac{1}{10} \times 1\dfrac{1}{3} =$

㊶ $1\dfrac{1}{9} \times 6 \times 2\dfrac{1}{2} =$

㊽ $1\dfrac{1}{5} \times 1\dfrac{1}{8} \times 2\dfrac{2}{9} =$

16 계산 Plus+

분수의 곱셈

● 빈칸에 알맞은 기약분수를 써넣으세요.

1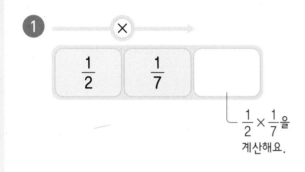

$\dfrac{1}{2}$ × $\dfrac{1}{7}$ 을 계산해요.

2

$\dfrac{1}{5}$ $\dfrac{1}{6}$

3

$\dfrac{2}{3}$ $\dfrac{5}{8}$

4

$\dfrac{4}{7}$ $\dfrac{11}{12}$

5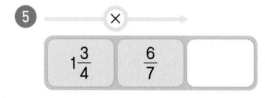

$1\dfrac{3}{4}$ $\dfrac{6}{7}$

6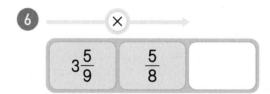

$3\dfrac{5}{9}$ $\dfrac{5}{8}$

7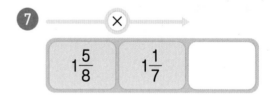

$1\dfrac{5}{8}$ $1\dfrac{1}{7}$

8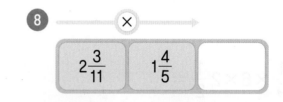

$2\dfrac{3}{11}$ $1\dfrac{4}{5}$

9 $\dfrac{1}{3}$ → $\times \dfrac{1}{5}$ → $\times \dfrac{1}{2}$ → ☐

$\dfrac{1}{3} \times \dfrac{1}{5} \times \dfrac{1}{2}$을 계산해요.

14 $1\dfrac{5}{12}$ → $\times 1\dfrac{1}{2}$ → $\times 4$ → ☐

10 $\dfrac{5}{6}$ → $\times \dfrac{8}{9}$ → $\times \dfrac{1}{5}$ → ☐

15 $\dfrac{12}{13}$ → $\times 1\dfrac{2}{5}$ → $\times \dfrac{5}{6}$ → ☐

11 $\dfrac{5}{7}$ → $\times \dfrac{3}{10}$ → $\times \dfrac{5}{6}$ → ☐

16 $\dfrac{5}{16}$ → $\times 2\dfrac{2}{9}$ → $\times 1\dfrac{4}{5}$ → ☐

12 $\dfrac{7}{8}$ → $\times \dfrac{4}{9}$ → $\times 3$ → ☐

17 $1\dfrac{7}{20}$ → $\times 2\dfrac{1}{2}$ → $\times 1\dfrac{1}{9}$ → ☐

13 $\dfrac{8}{9}$ → $\times 6$ → $\times 1\dfrac{1}{5}$ → ☐

18 $2\dfrac{4}{25}$ → $\times 1\dfrac{5}{9}$ → $\times 3\dfrac{1}{3}$ → ☐

◎ 연아와 준서가 본 수행 평가 시험지입니다. 맞힌 문제에는 표, 틀린 문제에는 ✓표 하세요.

수 학

5 학년 2 반　　이름 : 박연아

1. $\dfrac{1}{4} \times \dfrac{1}{9} = \dfrac{1}{36}$

2. $\dfrac{2}{7} \times \dfrac{3}{8} = \dfrac{3}{28}$

3. $1\dfrac{2}{9} \times \dfrac{3}{7} = \dfrac{11}{21}$

4. $2\dfrac{1}{3} \times 2\dfrac{1}{4} = 4\dfrac{1}{4}$

연아

수 학

5 학년 3 반　　이름 : 최준서

1. $\dfrac{4}{5} \times \dfrac{3}{8} = \dfrac{3}{10}$

2. $1\dfrac{5}{7} \times 1\dfrac{1}{4} = \dfrac{15}{28}$

3. $2\dfrac{1}{3} \times \dfrac{4}{7} = 1\dfrac{1}{3}$

4. $\dfrac{4}{9} \times \dfrac{3}{8} \times \dfrac{7}{10} = \dfrac{7}{60}$

준서

○ 도로시가 오즈의 성에 가려고 합니다. 길을 따라 계산하며 빈칸에 알맞은 기약분수를 써넣으세요.

출발

$1\frac{2}{3}$

$\times 1\frac{7}{8}$

$\times \frac{2}{15}$

$\times \frac{4}{5}$

$\times \frac{1}{4}$

$\times 1\frac{1}{5}$

$\times \frac{5}{7}$

도착

17 분수의 곱셈 평가

● 계산을 하여 기약분수로 나타내어 보세요.

① $\dfrac{1}{2} \times 6 =$

② $\dfrac{2}{3} \times 5 =$

③ $1\dfrac{1}{4} \times 3 =$

④ $2\dfrac{4}{5} \times 2 =$

⑤ $5 \times \dfrac{5}{6} =$

⑥ $5 \times \dfrac{4}{7} =$

⑦ $6 \times 2\dfrac{3}{8} =$

⑧ $12 \times 1\dfrac{5}{9} =$

⑨ $\dfrac{3}{10} \times \dfrac{2}{7} =$

⑩ $\dfrac{8}{11} \times \dfrac{3}{4} =$

⑪ $1\dfrac{7}{12} \times \dfrac{6}{7} =$

⑫ $2\dfrac{4}{13} \times \dfrac{5}{6} =$

⑬ $1\dfrac{1}{14} \times 1\dfrac{2}{5} =$

⑭ $2\dfrac{2}{15} \times 2\dfrac{5}{8} =$

⑮ $\dfrac{3}{16} \times \dfrac{4}{9} \times \dfrac{2}{7} =$

⑯ $1\dfrac{3}{17} \times 1\dfrac{1}{5} \times 1\dfrac{1}{2} =$

○ 빈칸에 알맞은 기약분수를 써넣으세요.

⑰
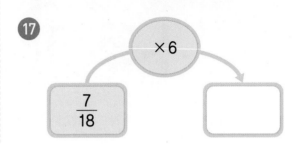

⑱
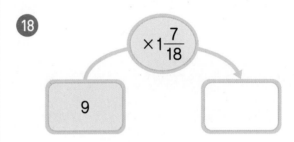

⑲
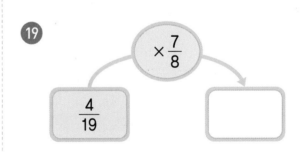

⑳
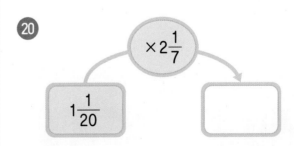

3

(소수)×(자연수), (자연수)×(소수), (소수)×(소수)의
곱셈 훈련이 중요한

소수의 곱셈

18 (I보다 작은 소수 한 자리 수) ×(자연수)

○ 0.2×3의 계산

$$
\begin{array}{r} 2 \\ \times\ 3 \\ \hline 6 \end{array}
\rightarrow
\begin{array}{r} 0.2 \\ \times\ \ 3 \\ \hline 0.6 \end{array}
$$

자연수의 곱셈과 같은   0.2의 소수점 위치와
방법으로 계산합니다.   같게 소수점을 찍습니다.

$$2 \times 3 = 6$$

$\frac{1}{10}$배 $\frac{1}{10}$배

$$0.2 \times 3 = 0.6$$

○ 계산해 보세요.

1
$$\begin{array}{r} 0.3 \\ \times\quad\ 4 \\ \hline \end{array}$$

2
$$\begin{array}{r} 0.4 \\ \times\quad\ 6 \\ \hline \end{array}$$

3
$$\begin{array}{r} 0.5 \\ \times\quad\ 3 \\ \hline \end{array}$$

4
$$\begin{array}{r} 0.6 \\ \times\quad\ 7 \\ \hline \end{array}$$

5
$$\begin{array}{r} 0.7 \\ \times\quad\ 5 \\ \hline \end{array}$$

6
$$\begin{array}{r} 0.9 \\ \times\quad\ 7 \\ \hline \end{array}$$

7
$$\begin{array}{r} 0.2 \\ \times\quad 1\ 3 \\ \hline \end{array}$$

8
$$\begin{array}{r} 0.5 \\ \times\quad 1\ 7 \\ \hline \end{array}$$

9
$$\begin{array}{r} 0.8 \\ \times\quad 2\ 1 \\ \hline \end{array}$$

⑩
$$\begin{array}{r} 0.2 \\ \times \quad 4 \\ \hline \end{array}$$

⑯
$$\begin{array}{r} 0.6 \\ \times \quad 3 \\ \hline \end{array}$$

㉒
$$\begin{array}{r} 0.3 \\ \times \ 1\ 1 \\ \hline \end{array}$$

⑪
$$\begin{array}{r} 0.3 \\ \times \quad 5 \\ \hline \end{array}$$

⑰
$$\begin{array}{r} 0.7 \\ \times \quad 4 \\ \hline \end{array}$$

㉓
$$\begin{array}{r} 0.4 \\ \times \ 1\ 7 \\ \hline \end{array}$$

⑫
$$\begin{array}{r} 0.3 \\ \times \quad 9 \\ \hline \end{array}$$

⑱
$$\begin{array}{r} 0.7 \\ \times \quad 6 \\ \hline \end{array}$$

㉔
$$\begin{array}{r} 0.6 \\ \times \ 1\ 2 \\ \hline \end{array}$$

⑬
$$\begin{array}{r} 0.4 \\ \times \quad 7 \\ \hline \end{array}$$

⑲
$$\begin{array}{r} 0.8 \\ \times \quad 2 \\ \hline \end{array}$$

㉕
$$\begin{array}{r} 0.7 \\ \times \ 2\ 2 \\ \hline \end{array}$$

⑭
$$\begin{array}{r} 0.5 \\ \times \quad 5 \\ \hline \end{array}$$

⑳
$$\begin{array}{r} 0.9 \\ \times \quad 6 \\ \hline \end{array}$$

㉖
$$\begin{array}{r} 0.8 \\ \times \ 1\ 6 \\ \hline \end{array}$$

⑮
$$\begin{array}{r} 0.5 \\ \times \quad 9 \\ \hline \end{array}$$

㉑
$$\begin{array}{r} 0.9 \\ \times \quad 8 \\ \hline \end{array}$$

㉗
$$\begin{array}{r} 0.9 \\ \times \ 1\ 5 \\ \hline \end{array}$$

○ **계산해 보세요.**

㉘ 0.2×6＝

각 자리를
맞추어 쓴 후
세로로 계산해요.

	0 .	2
×		6

㉙ 0.3×7＝

㉚ 0.4×3＝

㉛ 0.4×8＝

㉜ 0.5×7＝

㉝ 0.6×9＝

㉞ 0.7×7＝

㉟ 0.8×6＝

㊱ 0.8×9＝

㊲ 0.9×3＝

㊳ 0.2×14＝

㊴ 0.4×22＝

㊵ 0.5×13＝

㊶ 0.6×27＝

㊷ 0.8×18＝

43 $0.2 \times 7 =$

44 $0.3 \times 6 =$

45 $0.4 \times 4 =$

46 $0.4 \times 9 =$

47 $0.5 \times 4 =$

48 $0.6 \times 2 =$

49 $0.6 \times 8 =$

50 $0.7 \times 8 =$

51 $0.8 \times 4 =$

52 $0.9 \times 5 =$

53 $0.2 \times 16 =$

54 $0.3 \times 19 =$

55 $0.3 \times 25 =$

56 $0.4 \times 14 =$

57 $0.5 \times 15 =$

58 $0.6 \times 13 =$

59 $0.7 \times 16 =$

60 $0.7 \times 24 =$

61 $0.8 \times 11 =$

62 $0.9 \times 12 =$

63 $0.9 \times 26 =$

(I보다 작은 소수 두 자리 수) ×(자연수)

0.17×5의 계산

$$
\begin{array}{r}
1\ 7 \\
\times\ \ \ 5 \\
\hline
8\ 5
\end{array}
\quad\rightarrow\quad
\begin{array}{r}
0.1\ 7 \\
\times\ \ \ \ 5 \\
\hline
0.8\ 5
\end{array}
$$

자연수의 곱셈과 같은 방법으로 계산합니다.

0.17의 소수점 위치와 같게 소수점을 찍습니다.

$17 \times 5 = 85$

$\frac{1}{100}$배　　　　$\frac{1}{100}$배

$0.17 \times 5 = 0.85$

계산해 보세요.

1

$$
\begin{array}{r}
0.0\ 2 \\
\times\ \ \ \ \ 6 \\
\hline
\end{array}
$$

3

$$
\begin{array}{r}
0.2\ 5 \\
\times\ \ \ \ \ 7 \\
\hline
\end{array}
$$

5

$$
\begin{array}{r}
0.4\ 1 \\
\times\ \ \ \ \ 3 \\
\hline
\end{array}
$$

2

$$
\begin{array}{r}
0.1\ 4 \\
\times\ \ 1\ 9 \\
\hline
\end{array}
$$

4

$$
\begin{array}{r}
0.3\ 6 \\
\times\ \ 1\ 4 \\
\hline
\end{array}
$$

6

$$
\begin{array}{r}
0.7\ 8 \\
\times\ \ 2\ 3 \\
\hline
\end{array}
$$

⑦
$$
\begin{array}{r}
0.0\ 6 \\
\times \qquad 7 \\
\hline
\end{array}
$$

⑧
$$
\begin{array}{r}
0.0\ 9 \\
\times \qquad 2 \\
\hline
\end{array}
$$

⑨
$$
\begin{array}{r}
0.1\ 3 \\
\times \qquad 5 \\
\hline
\end{array}
$$

⑩
$$
\begin{array}{r}
0.2\ 7 \\
\times \qquad 4 \\
\hline
\end{array}
$$

⑪
$$
\begin{array}{r}
0.3\ 1 \\
\times \qquad 9 \\
\hline
\end{array}
$$

⑫
$$
\begin{array}{r}
0.4\ 4 \\
\times \qquad 3 \\
\hline
\end{array}
$$

⑬
$$
\begin{array}{r}
0.4\ 8 \\
\times \qquad 6 \\
\hline
\end{array}
$$

⑭
$$
\begin{array}{r}
0.5\ 2 \\
\times \qquad 8 \\
\hline
\end{array}
$$

⑮
$$
\begin{array}{r}
0.6\ 3 \\
\times \qquad 7 \\
\hline
\end{array}
$$

⑯
$$
\begin{array}{r}
0.7\ 4 \\
\times \qquad 2 \\
\hline
\end{array}
$$

⑰
$$
\begin{array}{r}
0.8\ 2 \\
\times \qquad 6 \\
\hline
\end{array}
$$

⑱
$$
\begin{array}{r}
0.9\ 5 \\
\times \qquad 5 \\
\hline
\end{array}
$$

⑲
$$
\begin{array}{r}
0.1\ 6 \\
\times \quad 1\ 1 \\
\hline
\end{array}
$$

⑳
$$
\begin{array}{r}
0.2\ 4 \\
\times \quad 2\ 8 \\
\hline
\end{array}
$$

㉑
$$
\begin{array}{r}
0.3\ 3 \\
\times \quad 1\ 4 \\
\hline
\end{array}
$$

㉒
$$
\begin{array}{r}
0.5\ 8 \\
\times \quad 1\ 7 \\
\hline
\end{array}
$$

㉓
$$
\begin{array}{r}
0.6\ 1 \\
\times \quad 2\ 3 \\
\hline
\end{array}
$$

㉔
$$
\begin{array}{r}
0.8\ 7 \\
\times \quad 1\ 6 \\
\hline
\end{array}
$$

○ 계산해 보세요.

㉕ 0.07 × 7 =

㉙ 0.34 × 6 =

㉝ 0.67 × 2 =

㉖ 0.15 × 3 =

㉚ 0.39 × 9 =

㉞ 0.73 × 5 =

㉗ 0.19 × 8 =

㉛ 0.42 × 4 =

㉟ 0.84 × 6 =

㉘ 0.23 × 14 =

㉜ 0.53 × 18 =

㊱ 0.91 × 21 =

㊲ $0.05 \times 3 =$

㊳ $0.12 \times 9 =$

㊴ $0.29 \times 5 =$

㊵ $0.37 \times 6 =$

㊶ $0.46 \times 7 =$

㊷ $0.51 \times 4 =$

㊸ $0.64 \times 8 =$

㊹ $0.75 \times 7 =$

㊺ $0.88 \times 2 =$

㊻ $0.94 \times 4 =$

㊼ $0.08 \times 11 =$

㊽ $0.11 \times 16 =$

㊾ $0.26 \times 22 =$

㊿ $0.32 \times 19 =$

(51) $0.47 \times 15 =$

(52) $0.54 \times 27 =$

(53) $0.62 \times 13 =$

(54) $0.65 \times 17 =$

(55) $0.77 \times 24 =$

(56) $0.83 \times 12 =$

(57) $0.97 \times 16 =$

20 (I보다 큰 소수 한 자리 수) ×(자연수)

○ 1.3×4의 계산

$$
\begin{array}{r}
1\ 3 \\
\times\quad 4 \\
\hline
5\ 2
\end{array}
$$
자연수의 곱셈과 같은
방법으로 계산합니다.

→

$$
\begin{array}{r}
1\,.\,3 \\
\times\quad 4 \\
\hline
5\,.\,2
\end{array}
$$
1.3의 소수점 위치와
같게 소수점을 찍습니다.

$13 × 4 = 52$

$\frac{1}{10}$배 $\frac{1}{10}$배

$1.3 × 4 = 5.2$

○ 계산해 보세요.

1
$$
\begin{array}{r}
1\,.\,4 \\
\times\quad 7 \\
\hline
\end{array}
$$

3
$$
\begin{array}{r}
4\,.\,5 \\
\times\quad 3 \\
\hline
\end{array}
$$

5
$$
\begin{array}{r}
6\,.\,7 \\
\times\quad 5 \\
\hline
\end{array}
$$

2
$$
\begin{array}{r}
2\,.\,3 \\
\times\quad 2\ 4 \\
\hline
\end{array}
$$

4
$$
\begin{array}{r}
5\,.\,2 \\
\times\quad 1\ 7 \\
\hline
\end{array}
$$

6
$$
\begin{array}{r}
7\,.\,6 \\
\times\quad 1\ 1 \\
\hline
\end{array}
$$

⑦
$$\begin{array}{r} 1.6 \\ \times\quad 8 \\ \hline \end{array}$$

⑬
$$\begin{array}{r} 5.3 \\ \times\quad 4 \\ \hline \end{array}$$

⑲
$$\begin{array}{r} 1.7 \\ \times\ 1\ 8 \\ \hline \end{array}$$

⑧
$$\begin{array}{r} 2.4 \\ \times\quad 3 \\ \hline \end{array}$$

⑭
$$\begin{array}{r} 5.7 \\ \times\quad 6 \\ \hline \end{array}$$

⑳
$$\begin{array}{r} 3.4 \\ \times\ 2\ 2 \\ \hline \end{array}$$

⑨
$$\begin{array}{r} 2.9 \\ \times\quad 5 \\ \hline \end{array}$$

⑮
$$\begin{array}{r} 6.2 \\ \times\quad 9 \\ \hline \end{array}$$

㉑
$$\begin{array}{r} 4.2 \\ \times\ 1\ 4 \\ \hline \end{array}$$

⑩
$$\begin{array}{r} 3.1 \\ \times\quad 9 \\ \hline \end{array}$$

⑯
$$\begin{array}{r} 7.4 \\ \times\quad 3 \\ \hline \end{array}$$

㉒
$$\begin{array}{r} 5.8 \\ \times\ 2\ 3 \\ \hline \end{array}$$

⑪
$$\begin{array}{r} 3.5 \\ \times\quad 7 \\ \hline \end{array}$$

⑰
$$\begin{array}{r} 8.6 \\ \times\quad 4 \\ \hline \end{array}$$

㉓
$$\begin{array}{r} 6.1 \\ \times\ 1\ 7 \\ \hline \end{array}$$

⑫
$$\begin{array}{r} 4.8 \\ \times\quad 2 \\ \hline \end{array}$$

⑱
$$\begin{array}{r} 9.5 \\ \times\quad 5 \\ \hline \end{array}$$

㉔
$$\begin{array}{r} 7.3 \\ \times\ 1\ 5 \\ \hline \end{array}$$

○ 계산해 보세요.

㉕ 1.2×9=

㉙ 3.3×7=

㉝ 6.8×6=

㉖ 1.9×4=

㉚ 4.4×8=

㉞ 7.5×3=

㉗ 2.5×5=

㉛ 4.7×2=

㉟ 8.2×4=

㉘ 2.6×24=

㉜ 5.1×13=

㊱ 8.3×12=

③⑦ $1.5 \times 3 =$

④④ $7.7 \times 8 =$

⑤① $6.8 \times 12 =$

③⑧ $1.8 \times 6 =$

④⑤ $8.9 \times 2 =$

⑤② $7.1 \times 28 =$

③⑨ $2.1 \times 5 =$

④⑥ $9.4 \times 6 =$

⑤③ $7.9 \times 14 =$

④⓪ $3.2 \times 4 =$

④⑦ $2.2 \times 27 =$

⑤④ $8.4 \times 23 =$

④① $4.6 \times 7 =$

④⑧ $3.9 \times 16 =$

⑤⑤ $8.7 \times 19 =$

④② $5.6 \times 9 =$

④⑨ $4.1 \times 15 =$

⑤⑥ $9.3 \times 22 =$

④③ $6.3 \times 4 =$

⑤⓪ $5.5 \times 23 =$

⑤⑦ $9.7 \times 16 =$

21 (I보다 큰 소수 두 자리 수) × (자연수)

1.36×4의 계산

```
  1 3 6
×     4
─────────
  5 4 4
```
자연수의 곱셈과 같은
방법으로 계산합니다.

→

```
  1 . 3 6
×       4
─────────
  5 . 4 4
```
1.36의 소수점 위치와
같게 소수점을 찍습니다.

$136 \times 4 = 544$

$\frac{1}{100}$배 $\frac{1}{100}$배

$1.36 \times 4 = 5.44$

○ 계산해 보세요.

1
```
  1 . 4 3
×       7
```

3
```
  3 . 6 7
×       4
```

5
```
  5 . 2 8
×       9
```

2
```
  2 . 5 4
×     1 2
```

4
```
  4 . 1 9
×     2 3
```

6
```
  6 . 0 5
×     1 5
```

⑦
```
    1. 7 2
  ×     6
```

⑬
```
    4. 6 1
  ×     9
```

⑲
```
    1. 5 4
  ×   2 7
```

⑧
```
    2. 3 8
  ×     4
```

⑭
```
    5. 0 5
  ×     7
```

⑳
```
    2. 1 7
  ×   2 4
```

⑨
```
    2. 7 6
  ×     3
```

⑮
```
    6. 8 4
  ×     9
```

㉑
```
    3. 4 3
  ×   1 6
```

⑩
```
    3. 1 4
  ×     7
```

⑯
```
    7. 3 9
  ×     2
```

㉒
```
    4. 5 2
  ×   2 1
```

⑪
```
    3. 5 9
  ×     2
```

⑰
```
    8. 2 6
  ×     6
```

㉓
```
    5. 3 9
  ×   1 8
```

⑫
```
    4. 2 3
  ×     5
```

⑱
```
    9. 1 7
  ×     4
```

㉔
```
    6. 2 6
  ×   1 4
```

○ 계산해 보세요.

㉕ 1.95×3＝

㉙ 4.37×9＝

㉝ 6.52×7＝

㉖ 2.43×8＝

㉚ 5.68×4＝

㉞ 7.94×2＝

㉗ 3.28×6＝

㉛ 5.81×5＝

㉟ 8.25×5＝

㉘ 3.76×22＝

㉜ 6.19×15＝

㊱ 8.47×11＝

③⑦ $1.28 \times 2 =$

④④ $7.69 \times 7 =$

⑤① $3.35 \times 23 =$

③⑧ $2.25 \times 5 =$

④⑤ $8.94 \times 9 =$

⑤② $4.28 \times 14 =$

③⑨ $2.81 \times 8 =$

④⑥ $9.35 \times 3 =$

⑤③ $5.06 \times 17 =$

④⓪ $3.02 \times 4 =$

④⑦ $1.17 \times 28 =$

⑤④ $6.91 \times 25 =$

④① $4.76 \times 6 =$

④⑧ $1.86 \times 16 =$

⑤⑤ $7.28 \times 14 =$

④② $5.62 \times 6 =$

④⑨ $2.09 \times 26 =$

⑤⑥ $8.53 \times 22 =$

④③ $6.37 \times 8 =$

⑤⓪ $2.64 \times 19 =$

⑤⑦ $9.45 \times 17 =$

22 계산 Plus+

(소수)×(자연수)

○ 빈칸에 알맞은 수를 써넣으세요.

1
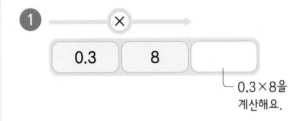

| 0.3 | 8 | |

└ 0.3×8을
계산해요.

2

| 0.8 | 12 | |

3

| 0.15 | 5 | |

4
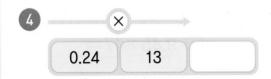

| 0.24 | 13 | |

5

| 2.8 | 3 | |

6

| 3.3 | 11 | |

7

| 4.81 | 9 | |

8
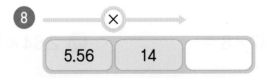

| 5.56 | 14 | |

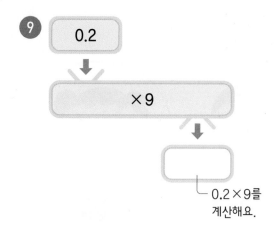

⑨
0.2

×9

0.2×9를
계산해요.

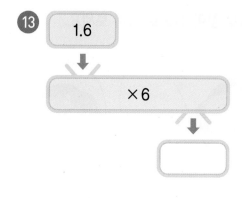

⑬
1.6

×6

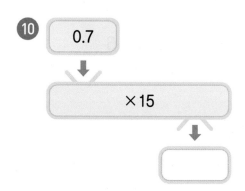

⑩
0.7

×15

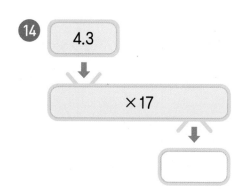

⑭
4.3

×17

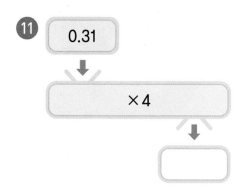

⑪
0.31

×4

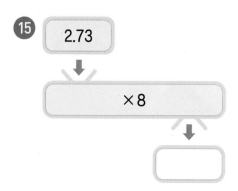

⑮
2.73

×8

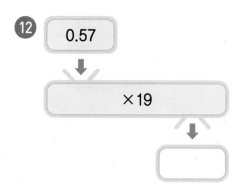

⑫
0.57

×19

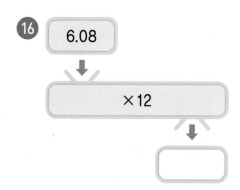

⑯
6.08

×12

● 계산 결과를 찾아 선으로 이어 보세요.

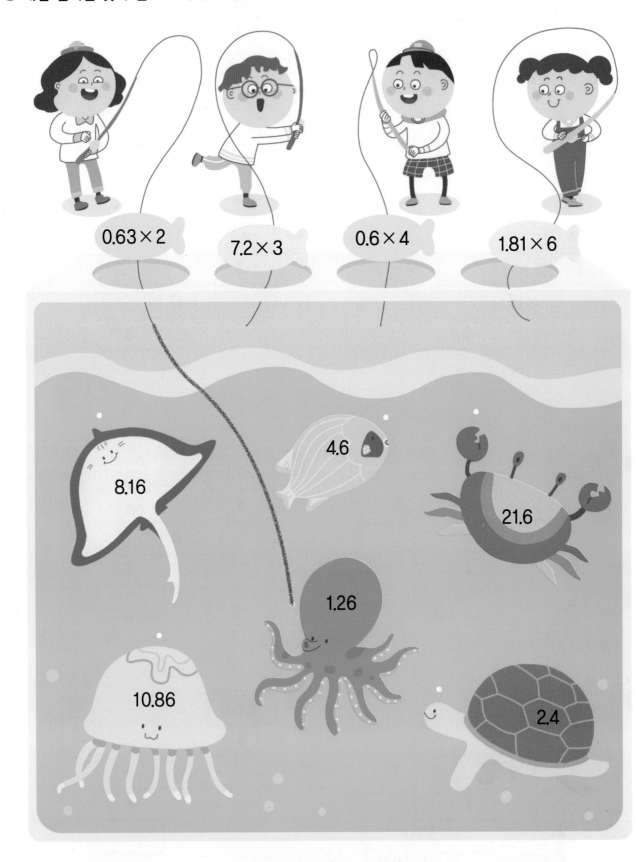

0.63×2

7.2×3

0.6×4

1.81×6

4.6

8.16

21.6

1.26

10.86

2.4

● 계산 결과에 해당하는 글자를 빈칸에 써넣어 준서가 좋아하는 음식을 알아보세요.

9.35	10.8	11.8	3.32	10.35	9.2	8.4
떡	볶	치	김	음	즈	밥

0.83 × 4	5.9 × 2	0.6 × 18	3.45 × 3	1.4 × 6

23 (자연수)× (I보다 작은 소수 한 자리 수)

● 6×0.4의 계산

$$
\begin{array}{r} 6 \\ \times\ 4 \\ \hline 2\,4 \end{array}
\quad\rightarrow\quad
\begin{array}{r} 6 \\ \times\ 0.4 \\ \hline 2.4 \end{array}
$$

자연수의 곱셈과 같은
방법으로 계산합니다.

0.4의 소수점 위치와
같게 소수점을 찍습니다.

$$6 \times 4 = 24$$

$\frac{1}{10}$배 ↓   ↓ $\frac{1}{10}$배

$$6 \times 0.4 = 2.4$$

○ 계산해 보세요.

1
$$
\begin{array}{r} 5 \\ \times\ 0.1 \\ \hline \end{array}
$$

4
$$
\begin{array}{r} 3 \\ \times\ 0.5 \\ \hline \end{array}
$$

7
$$
\begin{array}{r} 1\ 2 \\ \times\ 0.4 \\ \hline \end{array}
$$

2
$$
\begin{array}{r} 9 \\ \times\ 0.2 \\ \hline \end{array}
$$

5
$$
\begin{array}{r} 6 \\ \times\ 0.7 \\ \hline \end{array}
$$

8
$$
\begin{array}{r} 1\ 7 \\ \times\ 0.6 \\ \hline \end{array}
$$

3
$$
\begin{array}{r} 4 \\ \times\ 0.3 \\ \hline \end{array}
$$

6
$$
\begin{array}{r} 2 \\ \times\ 0.8 \\ \hline \end{array}
$$

9
$$
\begin{array}{r} 2\ 3 \\ \times\ 0.9 \\ \hline \end{array}
$$

⑩
$$\begin{array}{r} 3 \\ \times\ 0.2 \\ \hline \end{array}$$

⑯
$$\begin{array}{r} 2 \\ \times\ 0.6 \\ \hline \end{array}$$

㉒
$$\begin{array}{r} 2\ 5 \\ \times\ 0.3 \\ \hline \end{array}$$

⑪
$$\begin{array}{r} 7 \\ \times\ 0.2 \\ \hline \end{array}$$

⑰
$$\begin{array}{r} 4 \\ \times\ 0.7 \\ \hline \end{array}$$

㉓
$$\begin{array}{r} 1\ 3 \\ \times\ 0.4 \\ \hline \end{array}$$

⑫
$$\begin{array}{r} 6 \\ \times\ 0.3 \\ \hline \end{array}$$

⑱
$$\begin{array}{r} 9 \\ \times\ 0.7 \\ \hline \end{array}$$

㉔
$$\begin{array}{r} 1\ 9 \\ \times\ 0.6 \\ \hline \end{array}$$

⑬
$$\begin{array}{r} 9 \\ \times\ 0.4 \\ \hline \end{array}$$

⑲
$$\begin{array}{r} 3 \\ \times\ 0.8 \\ \hline \end{array}$$

㉕
$$\begin{array}{r} 2\ 1 \\ \times\ 0.7 \\ \hline \end{array}$$

⑭
$$\begin{array}{r} 5 \\ \times\ 0.5 \\ \hline \end{array}$$

⑳
$$\begin{array}{r} 4 \\ \times\ 0.9 \\ \hline \end{array}$$

㉖
$$\begin{array}{r} 1\ 7 \\ \times\ 0.8 \\ \hline \end{array}$$

⑮
$$\begin{array}{r} 8 \\ \times\ 0.5 \\ \hline \end{array}$$

㉑
$$\begin{array}{r} 7 \\ \times\ 0.9 \\ \hline \end{array}$$

㉗
$$\begin{array}{r} 1\ 3 \\ \times\ 0.9 \\ \hline \end{array}$$

○ 계산해 보세요.

㉘ $4 \times 0.2 =$

㉝ $7 \times 0.5 =$

㊳ $19 \times 0.2 =$

㉙ $5 \times 0.3 =$

㉞ $6 \times 0.6 =$

㊴ $21 \times 0.5 =$

㉚ $9 \times 0.3 =$

㉟ $3 \times 0.7 =$

㊵ $16 \times 0.6 =$

㉛ $2 \times 0.4 =$

㊱ $4 \times 0.8 =$

㊶ $23 \times 0.7 =$

㉜ $8 \times 0.4 =$

㊲ $5 \times 0.9 =$

㊷ $12 \times 0.8 =$

43 8 × 0.1 =

44 6 × 0.2 =

45 3 × 0.3 =

46 4 × 0.4 =

47 7 × 0.4 =

48 9 × 0.5 =

49 5 × 0.6 =

50 2 × 0.7 =

51 7 × 0.8 =

52 6 × 0.9 =

53 11 × 0.2 =

54 27 × 0.2 =

55 15 × 0.3 =

56 18 × 0.4 =

57 19 × 0.5 =

58 14 × 0.6 =

59 22 × 0.6 =

60 12 × 0.7 =

61 13 × 0.8 =

62 26 × 0.8 =

63 16 × 0.9 =

24 (자연수)×(1보다 작은 소수 두 자리 수)

3×0.17의 계산

$$\begin{array}{r} 3 \\ \times\,17 \\ \hline 51 \end{array}$$

자연수의 곱셈과 같은
방법으로 계산합니다.

→

$$\begin{array}{r} 3 \\ \times\,0.17 \\ \hline 0.51 \end{array}$$

0.17의 소수점 위치와
같게 소수점을 찍습니다.

$3 \times 17 = 51$

$\dfrac{1}{100}$배 $\dfrac{1}{100}$배

$3 \times 0.17 = 0.51$

● 계산해 보세요.

1
$$\begin{array}{r} 4 \\ \times\,0.07 \\ \hline \end{array}$$

3
$$\begin{array}{r} 9 \\ \times\,0.23 \\ \hline \end{array}$$

5
$$\begin{array}{r} 7 \\ \times\,0.45 \\ \hline \end{array}$$

2
$$\begin{array}{r} 16 \\ \times\,0.18 \\ \hline \end{array}$$

4
$$\begin{array}{r} 14 \\ \times\,0.36 \\ \hline \end{array}$$

6
$$\begin{array}{r} 21 \\ \times\,0.52 \\ \hline \end{array}$$

⑦
$$\begin{array}{r} 7 \\ \times\ 0.0\ 4 \\ \hline \end{array}$$

⑬
$$\begin{array}{r} 2 \\ \times\ 0.4\ 8 \\ \hline \end{array}$$

⑲
$$\begin{array}{r} 1\ 5 \\ \times\ 0.1\ 5 \\ \hline \end{array}$$

⑧
$$\begin{array}{r} 9 \\ \times\ 0.1\ 2 \\ \hline \end{array}$$

⑭
$$\begin{array}{r} 8 \\ \times\ 0.5\ 1 \\ \hline \end{array}$$

⑳
$$\begin{array}{r} 2\ 6 \\ \times\ 0.2\ 4 \\ \hline \end{array}$$

⑨
$$\begin{array}{r} 5 \\ \times\ 0.2\ 5 \\ \hline \end{array}$$

⑮
$$\begin{array}{r} 3 \\ \times\ 0.6\ 7 \\ \hline \end{array}$$

㉑
$$\begin{array}{r} 1\ 8 \\ \times\ 0.3\ 7 \\ \hline \end{array}$$

⑩
$$\begin{array}{r} 4 \\ \times\ 0.2\ 9 \\ \hline \end{array}$$

⑯
$$\begin{array}{r} 5 \\ \times\ 0.7\ 5 \\ \hline \end{array}$$

㉒
$$\begin{array}{r} 1\ 9 \\ \times\ 0.4\ 2 \\ \hline \end{array}$$

⑪
$$\begin{array}{r} 6 \\ \times\ 0.3\ 1 \\ \hline \end{array}$$

⑰
$$\begin{array}{r} 8 \\ \times\ 0.8\ 2 \\ \hline \end{array}$$

㉓
$$\begin{array}{r} 2\ 2 \\ \times\ 0.5\ 6 \\ \hline \end{array}$$

⑫
$$\begin{array}{r} 3 \\ \times\ 0.4\ 3 \\ \hline \end{array}$$

⑱
$$\begin{array}{r} 7 \\ \times\ 0.9\ 5 \\ \hline \end{array}$$

㉔
$$\begin{array}{r} 1\ 4 \\ \times\ 0.6\ 1 \\ \hline \end{array}$$

○ 계산해 보세요.

㉕ 9×0.06=

㉙ 8×0.39=

㉝ 5×0.65=

㉖ 4×0.17=

㉚ 2×0.44=

㉞ 4×0.78=

㉗ 6×0.28=

㉛ 9×0.53=

㉟ 4×0.84=

㉘ 11×0.31=

㉜ 16×0.62=

㊱ 24×0.92=

㊲ $5 \times 0.03 =$

㊳ $8 \times 0.16 =$

㊴ $6 \times 0.22 =$

㊵ $7 \times 0.35 =$

㊶ $9 \times 0.47 =$

㊷ $6 \times 0.51 =$

㊸ $3 \times 0.63 =$

㊹ $4 \times 0.79 =$

㊺ $2 \times 0.86 =$

㊻ $3 \times 0.91 =$

㊼ $14 \times 0.13 =$

㊽ $17 \times 0.21 =$

㊾ $21 \times 0.32 =$

㊿ $19 \times 0.46 =$

㊷ $27 \times 0.58 =$

㊸ $12 \times 0.66 =$

㊹ $18 \times 0.74 =$

㊺ $22 \times 0.78 =$

㊻ $25 \times 0.85 =$

㊼ $23 \times 0.87 =$

㊽ $17 \times 0.97 =$

25 (자연수)× (I보다 큰 소수 한 자리 수)

● 5×1.3의 계산

$$\begin{array}{r} 5 \\ \times\ 1\ 3 \\ \hline 6\ 5 \end{array}$$

자연수의 곱셈과 같은
방법으로 계산합니다.

→

$$\begin{array}{r} 5 \\ \times\ 1.3 \\ \hline 6.5 \end{array}$$

1.3의 소수점 위치와
같게 소수점을 찍습니다.

$$5 \times 13 = 65$$

$\frac{1}{10}$배 ↓ $\frac{1}{10}$배 ↓

$$5 \times 1.3 = 6.5$$

○ 계산해 보세요.

① $\begin{array}{r} 9 \\ \times\ 2\,.\,4 \\ \hline \end{array}$

③ $\begin{array}{r} 5 \\ \times\ 4\,.\,7 \\ \hline \end{array}$

⑤ $\begin{array}{r} 4 \\ \times\ 6\,.\,2 \\ \hline \end{array}$

② $\begin{array}{r} 1\ 5 \\ \times\ 3\,.\,1 \\ \hline \end{array}$

④ $\begin{array}{r} 1\ 6 \\ \times\ 5\,.\,9 \\ \hline \end{array}$

⑥ $\begin{array}{r} 1\ 2 \\ \times\ 7\,.\,3 \\ \hline \end{array}$

7
$$\begin{array}{r} 8 \\ \times\ 1.3 \\ \hline \end{array}$$

8
$$\begin{array}{r} 5 \\ \times\ 1.7 \\ \hline \end{array}$$

9
$$\begin{array}{r} 4 \\ \times\ 2.6 \\ \hline \end{array}$$

10
$$\begin{array}{r} 2 \\ \times\ 3.9 \\ \hline \end{array}$$

11
$$\begin{array}{r} 6 \\ \times\ 4.2 \\ \hline \end{array}$$

12
$$\begin{array}{r} 9 \\ \times\ 4.8 \\ \hline \end{array}$$

13
$$\begin{array}{r} 7 \\ \times\ 5.4 \\ \hline \end{array}$$

14
$$\begin{array}{r} 3 \\ \times\ 6.1 \\ \hline \end{array}$$

15
$$\begin{array}{r} 9 \\ \times\ 7.5 \\ \hline \end{array}$$

16
$$\begin{array}{r} 4 \\ \times\ 8.3 \\ \hline \end{array}$$

17
$$\begin{array}{r} 2 \\ \times\ 8.6 \\ \hline \end{array}$$

18
$$\begin{array}{r} 6 \\ \times\ 9.6 \\ \hline \end{array}$$

19
$$\begin{array}{r} 2\ 7 \\ \times\ 1.2 \\ \hline \end{array}$$

20
$$\begin{array}{r} 1\ 1 \\ \times\ 2.5 \\ \hline \end{array}$$

21
$$\begin{array}{r} 1\ 8 \\ \times\ 3.4 \\ \hline \end{array}$$

22
$$\begin{array}{r} 2\ 1 \\ \times\ 4.6 \\ \hline \end{array}$$

23
$$\begin{array}{r} 1\ 7 \\ \times\ 5.3 \\ \hline \end{array}$$

24
$$\begin{array}{r} 1\ 4 \\ \times\ 7.1 \\ \hline \end{array}$$

○ 계산해 보세요.

㉕ 5 × 1.9 =

㉙ 6 × 4.3 =

㉝ 2 × 7.2 =

㉖ 8 × 2.1 =

㉚ 3 × 4.9 =

㉞ 9 × 7.4 =

㉗ 4 × 2.7 =

㉛ 7 × 5.6 =

㉟ 6 × 8.3 =

㉘ 24 × 3.2 =

㉜ 15 × 6.5 =

㊱ 11 × 8.7 =

㊲ $8 \times 1.4 =$

㊹ $4 \times 7.6 =$

㉛ $18 \times 5.2 =$

㊳ $3 \times 2.2 =$

㊺ $4 \times 8.8 =$

㉜ $24 \times 6.7 =$

㊴ $7 \times 3.6 =$

㊻ $9 \times 9.8 =$

㉝ $19 \times 7.8 =$

㊵ $2 \times 3.8 =$

㊼ $29 \times 1.5 =$

㉞ $15 \times 7.9 =$

㊶ $5 \times 4.1 =$

㊽ $18 \times 2.3 =$

㉟ $26 \times 8.4 =$

㊷ $8 \times 5.7 =$

㊾ $21 \times 3.6 =$

㊱ $22 \times 9.2 =$

㊸ $7 \times 6.4 =$

㊿ $16 \times 4.4 =$

㊲ $19 \times 9.5 =$

26 (자연수)×
(1보다 큰 소수 두 자리 수)

● 2×1.36의 계산

```
      2              2
  × 1 3 6    →    × 1 . 3 6
    2 7 2          2 . 7 2
```

자연수의 곱셈과 같은
방법으로 계산합니다.

1.36의 소수점 위치와
같게 소수점을 찍습니다.

$$2 \times 136 = 272$$

$\frac{1}{100}$배 $\frac{1}{100}$배

$$2 \times 1.36 = 2.72$$

○ 계산해 보세요.

1
```
          5
  × 1 . 5 3
```

3
```
          4
  × 3 . 4 2
```

5
```
          7
  × 5 . 2 9
```

2
```
        1 3
  × 2 . 1 8
```

4
```
        1 5
  × 4 . 3 7
```

6
```
        1 6
  × 6 . 2 4
```

⑦
$$\begin{array}{r} 5 \\ \times\ 1.4\ 7 \\ \hline \end{array}$$

⑬
$$\begin{array}{r} 8 \\ \times\ 5.5\ 2 \\ \hline \end{array}$$

⑲
$$\begin{array}{r} 2\ 8 \\ \times\ 1.2\ 8 \\ \hline \end{array}$$

⑧
$$\begin{array}{r} 6 \\ \times\ 2.0\ 9 \\ \hline \end{array}$$

⑭
$$\begin{array}{r} 3 \\ \times\ 6.3\ 1 \\ \hline \end{array}$$

⑳
$$\begin{array}{r} 1\ 7 \\ \times\ 2.4\ 6 \\ \hline \end{array}$$

⑨
$$\begin{array}{r} 4 \\ \times\ 2.3\ 4 \\ \hline \end{array}$$

⑮
$$\begin{array}{r} 5 \\ \times\ 6.7\ 3 \\ \hline \end{array}$$

㉑
$$\begin{array}{r} 2\ 4 \\ \times\ 3.3\ 9 \\ \hline \end{array}$$

⑩
$$\begin{array}{r} 9 \\ \times\ 3.1\ 8 \\ \hline \end{array}$$

⑯
$$\begin{array}{r} 4 \\ \times\ 7.6\ 2 \\ \hline \end{array}$$

㉒
$$\begin{array}{r} 1\ 6 \\ \times\ 4.5\ 2 \\ \hline \end{array}$$

⑪
$$\begin{array}{r} 7 \\ \times\ 4.2\ 5 \\ \hline \end{array}$$

⑰
$$\begin{array}{r} 7 \\ \times\ 8.4\ 5 \\ \hline \end{array}$$

㉓
$$\begin{array}{r} 1\ 5 \\ \times\ 5.1\ 8 \\ \hline \end{array}$$

⑫
$$\begin{array}{r} 2 \\ \times\ 4.9\ 6 \\ \hline \end{array}$$

⑱
$$\begin{array}{r} 6 \\ \times\ 9.1\ 3 \\ \hline \end{array}$$

㉔
$$\begin{array}{r} 1\ 2 \\ \times\ 6.9\ 6 \\ \hline \end{array}$$

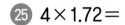

○ 계산해 보세요.

㉕ 4×1.72=

㉙ 8×3.84=

㉝ 6×6.16=

㉖ 9×1.95=

㉚ 3×4.07=

㉞ 2×6.64=

㉗ 6×2.53=

㉛ 7×4.54=

㉟ 5×7.29=

㉘ 25×3.27=

㉜ 17×5.31=

㊱ 11×8.42=

㊲ $5\times1.69=$

㊳ $6\times2.98=$

㊴ $2\times3.36=$

㊵ $8\times4.13=$

㊶ $3\times4.47=$

㊷ $8\times5.78=$

㊸ $3\times6.23=$

㊹ $7\times7.84=$

㊺ $9\times8.72=$

㊻ $4\times9.45=$

㊼ $13\times1.26=$

㊽ $15\times2.39=$

㊾ $16\times2.54=$

㊿ $23\times3.15=$

(51) $27\times4.92=$

(52) $18\times5.68=$

(53) $21\times6.43=$

(54) $17\times6.75=$

(55) $22\times7.46=$

(56) $19\times8.37=$

(57) $16\times9.61=$

27 계산 Plus+

(자연수)×(소수)

○ 빈칸에 알맞은 수를 써넣으세요.

1

×0.3

7 → [ ]

└ 7×0.3을
계산해요.

2

×0.7

14 → [ ]

3

×0.14

6 → [ ]

4

×0.55

13 → [ ]

5

×2.8

9 → [ ]

6

×4.5

21 → [ ]

7

×1.48

7 → [ ]

8

×3.49

18 → [ ]

⑨ 3 ➡ ×0.4 ➡ [　　]
└ 3×0.4를
계산해요.

⑩ 6 ➡ ×0.5 ➡ [　　]

⑪ 15 ➡ ×0.9 ➡ [　　]

⑫ 5 ➡ ×0.27 ➡ [　　]

⑬ 2 ➡ ×0.34 ➡ [　　]

⑭ 23 ➡ ×0.72 ➡ [　　]

⑮ 9 ➡ ×1.8 ➡ [　　]

⑯ 4 ➡ ×3.7 ➡ [　　]

⑰ 16 ➡ ×6.6 ➡ [　　]

⑱ 3 ➡ ×2.13 ➡ [　　]

⑲ 7 ➡ ×5.62 ➡ [　　]

⑳ 21 ➡ ×8.79 ➡ [　　]

○ 계산 결과에 해당하는 글자를 찾아 빈칸에 알맞게 써넣으세요.

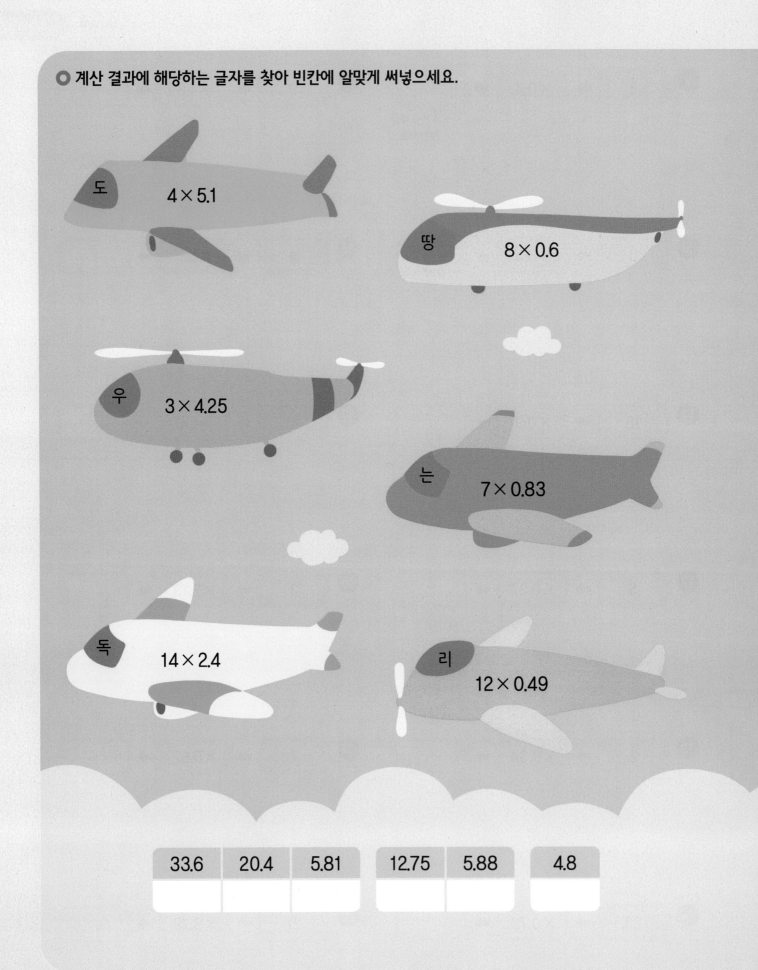

도 4 × 5.1

땅 8 × 0.6

우 3 × 4.25

는 7 × 0.83

독 14 × 2.4

리 12 × 0.49

33.6	20.4	5.81		12.75	5.88		4.8

◎ 나비가 계산 결과가 더 큰 곱셈을 따라갔을 때 앉을 수 있는 꽃에 ○표 하세요.

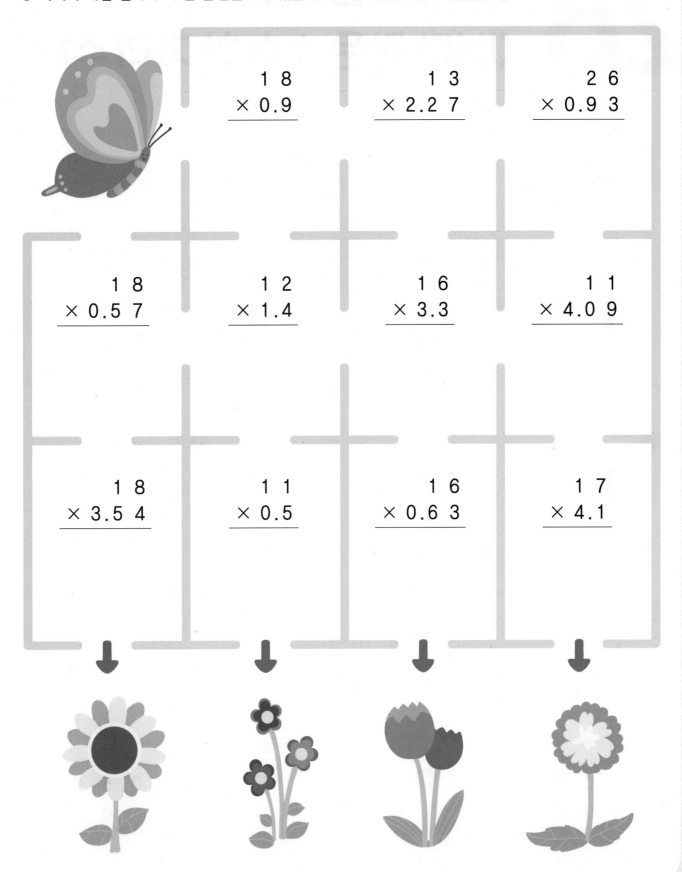

| | 1 8 | 1 3 | 2 6 |
| | × 0.9 | × 2.2 7 | × 0.9 3 |

| 1 8 | 1 2 | 1 6 | 1 1 |
| × 0.5 7 | × 1.4 | × 3.3 | × 4.0 9 |

| 1 8 | 1 1 | 1 6 | 1 7 |
| × 3.5 4 | × 0.5 | × 0.6 3 | × 4.1 |

28 (1보다 작은 소수) × (1보다 작은 소수 한 자리 수)

0.3×0.7의 계산

$$
\begin{array}{r} 3 \\ \times\ 7 \\ \hline 2\,1 \end{array}
\quad\rightarrow\quad
\begin{array}{r} 0.3 \\ \times\ 0.7 \\ \hline 0.2\,1 \end{array}
$$

0.3 —소수 한 자리 수
＋
× 0.7 —소수 한 자리 수
＝
0.2 1 —소수 두 자리 수

0.3과 0.7의 소수점
아래 자리 수의 합만큼
소수점을 찍습니다.

$3 × 7 = 21$

$\frac{1}{10}$배 $\frac{1}{10}$배 $\frac{1}{100}$배

$0.3 × 0.7 = 0.21$

계산해 보세요.

1
$$
\begin{array}{r} 0.1 \\ \times\ 0.5 \\ \hline \end{array}
$$

2
$$
\begin{array}{r} 0.2 \\ \times\ 0.6 \\ \hline \end{array}
$$

3
$$
\begin{array}{r} 0.4 \\ \times\ 0.8 \\ \hline \end{array}
$$

4
$$
\begin{array}{r} 0.5 \\ \times\ 0.7 \\ \hline \end{array}
$$

5
$$
\begin{array}{r} 0.6 \\ \times\ 0.3 \\ \hline \end{array}
$$

6
$$
\begin{array}{r} 0.7 \\ \times\ 0.9 \\ \hline \end{array}
$$

7
$$
\begin{array}{r} 0.15 \\ \times\ 0.3 \\ \hline \end{array}
$$

8
$$
\begin{array}{r} 0.37 \\ \times\ 0.6 \\ \hline \end{array}
$$

9
$$
\begin{array}{r} 0.52 \\ \times\ 0.2 \\ \hline \end{array}
$$

10
```
    0. 1
×  0. 9
```

16
```
    0. 6
×  0. 8
```

22
```
    0. 2 8
×     0. 6
```

11
```
    0. 2
×  0. 3
```

17
```
    0. 6
×  0. 9
```

23
```
    0. 4 1
×     0. 4
```

12
```
    0. 2
×  0. 7
```

18
```
    0. 7
×  0. 4
```

24
```
    0. 5 5
×     0. 7
```

13
```
    0. 3
×  0. 3
```

19
```
    0. 8
×  0. 3
```

25
```
    0. 6 9
×     0. 3
```

14
```
    0. 4
×  0. 2
```

20
```
    0. 8
×  0. 7
```

26
```
    0. 7 3
×     0. 5
```

15
```
    0. 5
×  0. 2
```

21
```
    0. 9
×  0. 4
```

27
```
    0. 8 2
×     0. 2
```

○ 계산해 보세요.

㉘ 0.1×0.6＝

㉝ 0.5×0.9＝

㊳ 0.25×0.3＝

㉙ 0.2×0.8＝

㉞ 0.6×0.5＝

㊴ 0.32×0.6＝

㉚ 0.3×0.5＝

㉟ 0.7×0.6＝

㊵ 0.47×0.9＝

㉛ 0.3×0.8＝

㊱ 0.8×0.8＝

㊶ 0.68×0.2＝

㉜ 0.4×0.5＝

㊲ 0.9×0.2＝

㊷ 0.96×0.7＝

㊸ $0.1 \times 0.7 =$

㊿ $0.8 \times 0.4 =$

㊲ $0.42 \times 0.9 =$

㊹ $0.2 \times 0.2 =$

㊶ $0.9 \times 0.3 =$

㊳ $0.53 \times 0.5 =$

㊺ $0.3 \times 0.4 =$

㊷ $0.9 \times 0.8 =$

㊴ $0.57 \times 0.2 =$

㊻ $0.4 \times 0.6 =$

㊸ $0.05 \times 0.3 =$

㊵ $0.61 \times 0.7 =$

㊼ $0.5 \times 0.5 =$

㊹ $0.19 \times 0.8 =$

㊶ $0.76 \times 0.4 =$

㊽ $0.6 \times 0.6 =$

㊺ $0.24 \times 0.6 =$

㊷ $0.83 \times 0.8 =$

㊾ $0.7 \times 0.2 =$

㊻ $0.38 \times 0.4 =$

㊸ $0.94 \times 0.9 =$

29 (I보다 작은 소수)× (I보다 작은 소수 두 자리 수)

◉ 0.2×0.36의 계산

$$
\begin{array}{r} 2 \\ \times 36 \\ \hline 72 \end{array}
\rightarrow
\begin{array}{r} 0.2 \\ \times\ 0.3\ 6 \\ \hline 0.0\ 7\ 2 \end{array}
$$

— 소수 **한** 자리 수
+
— 소수 **두** 자리 수
=
— 소수 **세** 자리 수

0.2와 0.36의 소수점 아래 자리 수의 합만큼 소수점을 찍습니다.

$$2 \times 36 = 72$$

$\frac{1}{10}$배　$\frac{1}{100}$배　$\frac{1}{1000}$배

$$0.2 \times 0.36 = 0.072$$

◎ 계산해 보세요.

1
$$
\begin{array}{r} 0.3 \\ \times\ 0.1\ 7 \\ \hline \end{array}
$$

3
$$
\begin{array}{r} 0.5 \\ \times\ 0.2\ 3 \\ \hline \end{array}
$$

5
$$
\begin{array}{r} 0.7 \\ \times\ 0.3\ 8 \\ \hline \end{array}
$$

2
$$
\begin{array}{r} 0.4\ 2 \\ \times\ 0.1\ 9 \\ \hline \end{array}
$$

4
$$
\begin{array}{r} 0.6\ 7 \\ \times\ 0.1\ 4 \\ \hline \end{array}
$$

6
$$
\begin{array}{r} 0.8\ 1 \\ \times\ 0.2\ 6 \\ \hline \end{array}
$$

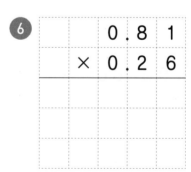

⑦
```
      0.1
×  0.4 7
```

⑬
```
      0.6
×  0.1 3
```

⑲
```
     0.1 8
×  0.2 9
```

⑧
```
      0.2
×  0.3 8
```

⑭
```
      0.6
×  0.7 1
```

⑳
```
     0.2 7
×  0.3 4
```

⑨
```
      0.2
×  0.5 2
```

⑮
```
      0.7
×  0.5 3
```

㉑
```
     0.3 6
×  0.1 2
```

⑩
```
      0.3
×  0.4 6
```

⑯
```
      0.8
×  0.6 4
```

㉒
```
     0.4 1
×  0.5 7
```

⑪
```
      0.4
×  0.1 4
```

⑰
```
      0.9
×  0.2 7
```

㉓
```
     0.5 8
×  0.6 8
```

⑫
```
      0.5
×  0.2 9
```

⑱
```
      0.9
×  0.5 3
```

㉔
```
     0.6 3
×  0.2 5
```

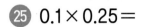

○ 계산해 보세요.

25 0.1 × 0.25 =

26 0.2 × 0.49 =

27 0.2 × 0.76 =

28 0.34 × 0.36 =

29 0.4 × 0.32 =

30 0.5 × 0.17 =

31 0.6 × 0.53 =

32 0.62 × 0.24 =

33 0.7 × 0.63 =

34 0.8 × 0.14 =

35 0.8 × 0.98 =

36 0.95 × 0.57 =

㊲ $0.2\times0.93=$

㊳ $0.3\times0.65=$

㊴ $0.4\times0.19=$

㊵ $0.5\times0.36=$

㊶ $0.6\times0.57=$

㊷ $0.6\times0.72=$

㊸ $0.7\times0.47=$

㊹ $0.8\times0.22=$

㊺ $0.8\times0.54=$

㊻ $0.9\times0.68=$

㊼ $0.15\times0.17=$

㊽ $0.22\times0.84=$

㊾ $0.37\times0.62=$

㊿ $0.43\times0.53=$

(51) $0.48\times0.19=$

(52) $0.57\times0.36=$

(53) $0.61\times0.95=$

(54) $0.79\times0.28=$

(55) $0.86\times0.17=$

(56) $0.91\times0.34=$

(57) $0.94\times0.59=$

30 (1보다 큰 소수)×
(1보다 큰 소수 한 자리 수)

○ **1.5×2.3의 계산**

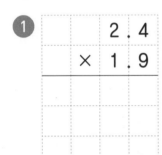

$$\begin{array}{r} 1\,5 \\ \times\ 2\,3 \\ \hline 3\,4\,5 \end{array}$$

$\rightarrow$

$$\begin{array}{r} 1.5 \\ \times\ 2.3 \\ \hline 3.4\,5 \end{array}$$

—소수 한 자리 수
\+
—소수 한 자리 수
＝
—소수 두 자리 수

1.5와 2.3의 소수점
아래 자리 수의 합만큼
소수점을 찍습니다.

$15 \times 23 = 345$

$\frac{1}{10}$배 $\frac{1}{10}$배 $\frac{1}{100}$배

$1.5 \times 2.3 = 3.45$

○ 계산해 보세요.

1
$$\begin{array}{r} 2.4 \\ \times\ 1.9 \\ \hline \end{array}$$

3
$$\begin{array}{r} 4.8 \\ \times\ 3.2 \\ \hline \end{array}$$

5
$$\begin{array}{r} 6.9 \\ \times\ 5.7 \\ \hline \end{array}$$

2
$$\begin{array}{r} 3.1\,7 \\ \times\ \ \ 2.6 \\ \hline \end{array}$$

4
$$\begin{array}{r} 5.0\,2 \\ \times\ \ \ 1.8 \\ \hline \end{array}$$

6
$$\begin{array}{r} 7.2\,3 \\ \times\ \ \ 4.2 \\ \hline \end{array}$$

⑦ 1.7
× 4.1

⑬ 5.8
× 1.6

⑲ 1.4 5
× 5.3

⑧ 2.1
× 3.8

⑭ 6.3
× 7.2

⑳ 2.3 8
× 1.7

⑨ 3.3
× 1.9

⑮ 7.5
× 3.5

㉑ 4.2 9
× 2.5

⑩ 3.9
× 5.4

⑯ 7.6
× 2.3

㉒ 5.6 3
× 3.6

⑪ 4.2
× 6.3

⑰ 8.2
× 5.6

㉓ 6.0 4
× 4.9

⑫ 5.4
× 2.7

⑱ 9.7
× 4.2

㉔ 8.1 7
× 3.6

○ 계산해 보세요.

㉕ 1.4×2.3＝

㉙ 4.5×3.9＝

㉝ 7.3×9.5＝

㉖ 2.9×5.1＝

㉚ 5.6×9.4＝

㉞ 8.7×6.7＝

㉗ 3.1×6.2＝

㉛ 6.2×2.6＝

㉟ 9.4×3.8＝

㉘ 3.43×1.9＝

㉜ 6.98×2.4＝

㊱ 9.75×3.7＝

37 $1.2 \times 6.4 =$

38 $2.7 \times 3.9 =$

39 $3.6 \times 4.1 =$

40 $4.3 \times 7.2 =$

41 $5.1 \times 5.6 =$

42 $6.8 \times 6.7 =$

43 $7.9 \times 3.5 =$

44 $8.4 \times 3.3 =$

45 $8.5 \times 2.8 =$

46 $9.3 \times 3.4 =$

47 $1.52 \times 1.6 =$

48 $1.91 \times 3.8 =$

49 $2.42 \times 4.7 =$

50 $3.05 \times 2.5 =$

51 $3.58 \times 5.9 =$

52 $4.16 \times 3.4 =$

53 $5.53 \times 6.1 =$

54 $6.77 \times 2.2 =$

55 $7.84 \times 5.3 =$

56 $8.39 \times 3.4 =$

57 $9.67 \times 1.8 =$

31

(1보다 큰 소수)×
(1보다 큰 소수 두 자리 수)

1.3×1.92의 계산

$$
\begin{array}{r}
1\ 3 \\
\times\ 1\ 9\ 2 \\
\hline
2\ 4\ 9\ 6
\end{array}
\rightarrow
\begin{array}{r}
1.3 \\
\times\ 1.9\ 2 \\
\hline
2.4\ 9\ 6
\end{array}
$$

—소수 한 자리 수
+
—소수 두 자리 수
=
—소수 세 자리 수

1.3과 1.92의 소수점
아래 자리 수의 합만큼
소수점을 찍습니다.

$$13 \times 192 = 2496$$

$\frac{1}{10}$배 $\frac{1}{100}$배 $\frac{1}{1000}$배

$$1.3 \times 1.92 = 2.496$$

계산해 보세요.

❶
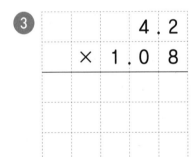
$$
\begin{array}{r}
2.6 \\
\times\ 3.0\ 4 \\
\hline
\end{array}
$$

❸
$$
\begin{array}{r}
4.2 \\
\times\ 1.0\ 8 \\
\hline
\end{array}
$$

❺
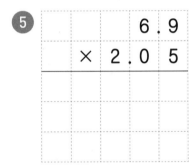
$$
\begin{array}{r}
6.9 \\
\times\ 2.0\ 5 \\
\hline
\end{array}
$$

❷
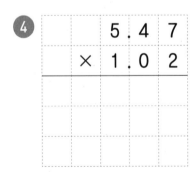
$$
\begin{array}{r}
3.1\ 5 \\
\times\ 2.0\ 9 \\
\hline
\end{array}
$$

❹
$$
\begin{array}{r}
5.4\ 7 \\
\times\ 1.0\ 2 \\
\hline
\end{array}
$$

❻
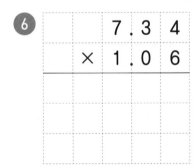
$$
\begin{array}{r}
7.3\ 4 \\
\times\ 1.0\ 6 \\
\hline
\end{array}
$$

⑦
```
      1. 2
  ×  2. 1 4
```

⑧
```
      1. 9
  ×  4. 2 7
```

⑨
```
      2. 5
  ×  3. 3 1
```

⑩
```
      3. 4
  ×  5. 6 2
```

⑪
```
      4. 1
  ×  1. 7 8
```

⑫
```
      4. 7
  ×  7. 4 3
```

⑬
```
      5. 3
  ×  1. 2 5
```

⑭
```
      6. 8
  ×  2. 0 9
```

⑮
```
      7. 6
  ×  4. 5 6
```

⑯
```
      8. 2
  ×  3. 1 7
```

⑰
```
      8. 4
  ×  5. 0 3
```

⑱
```
      9. 3
  ×  1. 8 5
```

⑲
```
      1. 6 2
  ×  1. 4 7
```

⑳
```
      2. 5 9
  ×  3. 5 2
```

㉑
```
      3. 4 7
  ×  2. 9 8
```

㉒
```
      4. 1 8
  ×  1. 6 3
```

㉓
```
      5. 3 2
  ×  5. 8 6
```

㉔
```
      6. 2 5
  ×  4. 5 4
```

○ 계산해 보세요.

㉕ 1.6×1.06＝

㉙ 3.5×2.03＝

㉝ 6.1×3.02＝

㉖ 1.8×3.04＝

㉚ 4.3×6.08＝

㉞ 7.4×5.07＝

㉗ 2.2×4.09＝

㉛ 4.6×1.01＝

㉟ 7.7×2.04＝

㉘ 2.47×3.05＝

㉜ 5.19×1.07＝

㊱ 8.32×1.08＝

③⑦ $1.5 \times 3.45 =$

③⑧ $2.3 \times 1.29 =$

③⑨ $2.7 \times 4.26 =$

④⓪ $3.1 \times 5.17 =$

④① $4.4 \times 6.42 =$

④② $5.8 \times 1.98 =$

④③ $6.2 \times 2.34 =$

④④ $7.9 \times 1.35 =$

④⑤ $8.6 \times 3.13 =$

④⑥ $9.5 \times 1.52 =$

④⑦ $1.32 \times 6.08 =$

④⑧ $1.95 \times 3.21 =$

④⑨ $2.36 \times 1.87 =$

⑤⓪ $3.29 \times 2.65 =$

⑤① $4.27 \times 4.55 =$

⑤② $4.94 \times 2.29 =$

⑤③ $5.43 \times 1.46 =$

⑤④ $6.18 \times 3.53 =$

⑤⑤ $7.71 \times 5.12 =$

⑤⑥ $8.53 \times 1.48 =$

⑤⑦ $9.17 \times 2.67 =$

32

계산 Plus+

(소수)×(소수)

○ **빈칸에 알맞은 수를 써넣으세요.**

1

| 0.2 | 0.9 | |

⌐ 0.2×0.9를
계산해요.

2

| 0.32 | 0.3 | |

3

| 0.4 | 0.18 | |

4

| 0.56 | 0.15 | |

5

| 1.2 | 1.8 | |

6

| 2.36 | 3.2 | |

7

| 4.2 | 1.24 | |

8

| 5.14 | 2.05 | |

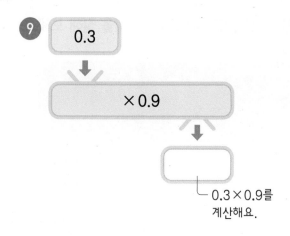

9 0.3 → ×0.9 →

└ 0.3×0.9를
　계산해요.

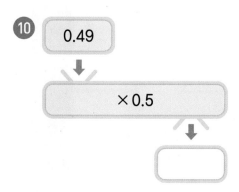

10 0.49 → ×0.5 →

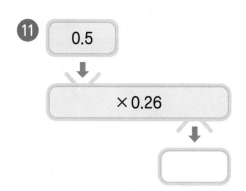

11 0.5 → ×0.26 →

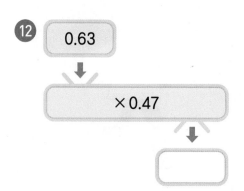

12 0.63 → ×0.47 →

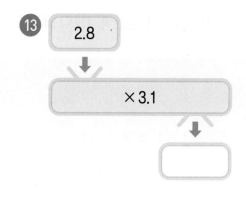

13 2.8 → ×3.1 →

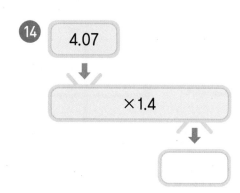

14 4.07 → ×1.4 →

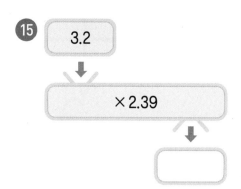

15 3.2 → ×2.39 →

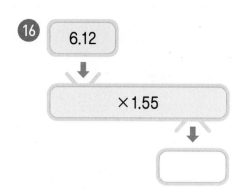

16 6.12 → ×1.55 →

○ 계산 결과가 1보다 작으면 빨간색, 1보다 크고 5보다 작으면 파란색, 5보다 크면 초록색을 칠해 보세요.

4.58 × 3.2

0.42 × 0.37

1.5 × 1.6

0.6 × 0.19

2.24 × 2.06

4.1 × 2.02

3.21 × 1.4

2.9 × 2.8

0.4 × 0.7

⭕ 연주와 형수가 놀이판에서 곱셈식의 곱을 찾아 각각 색칠하고 있습니다.
가로, 세로, 대각선 중에서 한 줄을 색칠할 수 있는 친구에 ⭕표 하세요.

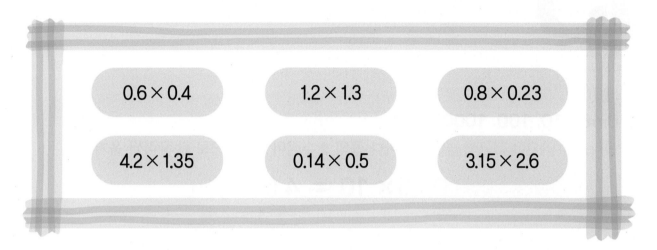

| 0.6 × 0.4 | 1.2 × 1.3 | 0.8 × 0.23 |
| 4.2 × 1.35 | 0.14 × 0.5 | 3.15 × 2.6 |

0.24	5.67	3.58
0.07	0.156	16.7
2.15	8.19	0.184

연주

형수

5.67	0.154	8.19
3.42	0.43	0.184
1.56	0.7	0.24

33 (소수)×10, 100, 1000

○ 0.46×10, 100, 1000의 계산

곱하는 수의 0이 하나씩 늘어날 때마다 곱의 소수점이 오른쪽으로 한 자리씩 옮겨집니다.

$$0.46 \times \boxed{10} = \boxed{4.6}$$
오른쪽으로
한 자리

$$0.46 \times \boxed{100} = \boxed{46}$$
오른쪽으로
두 자리

$$0.46 \times \boxed{1000} = \boxed{460}$$
오른쪽으로
세 자리

> 곱의 소수점을
> 옮길 자리가 없으면
> 오른쪽으로 0을
> 채워 씁니다.

○ 계산해 보세요.

1 0.2×10＝
0.2×100＝
0.2×1000＝

2 0.5×10＝
0.5×100＝
0.5×1000＝

3 0.6×10＝
0.6×100＝
0.6×1000＝

4 0.7×10＝
0.7×100＝
0.7×1000＝

5 0.8×10＝
0.8×100＝
0.8×1000＝

6 0.9×10＝
0.9×100＝
0.9×1000＝

7 1.3×10＝
1.3×100＝
1.3×1000＝

8 1.7×10＝
1.7×100＝
1.7×1000＝

9 2.1×10＝
2.1×100＝
2.1×1000＝

⑩ $2.4 \times 10 =$
$2.4 \times 100 =$
$2.4 \times 1000 =$

⑮ $0.18 \times 10 =$
$0.18 \times 100 =$
$0.18 \times 1000 =$

⑳ $0.63 \times 10 =$
$0.63 \times 100 =$
$0.63 \times 1000 =$

⑪ $3.2 \times 10 =$
$3.2 \times 100 =$
$3.2 \times 1000 =$

⑯ $0.26 \times 10 =$
$0.26 \times 100 =$
$0.26 \times 1000 =$

㉑ $0.67 \times 10 =$
$0.67 \times 100 =$
$0.67 \times 1000 =$

⑫ $4.5 \times 10 =$
$4.5 \times 100 =$
$4.5 \times 1000 =$

⑰ $0.34 \times 10 =$
$0.34 \times 100 =$
$0.34 \times 1000 =$

㉒ $0.72 \times 10 =$
$0.72 \times 100 =$
$0.72 \times 1000 =$

⑬ $5.6 \times 10 =$
$5.6 \times 100 =$
$5.6 \times 1000 =$

⑱ $0.41 \times 10 =$
$0.41 \times 100 =$
$0.41 \times 1000 =$

㉓ $0.85 \times 10 =$
$0.85 \times 100 =$
$0.85 \times 1000 =$

⑭ $7.8 \times 10 =$
$7.8 \times 100 =$
$7.8 \times 1000 =$

⑲ $0.59 \times 10 =$
$0.59 \times 100 =$
$0.59 \times 1000 =$

㉔ $0.96 \times 10 =$
$0.96 \times 100 =$
$0.96 \times 1000 =$

○ 계산해 보세요.

㉕ 1.57×10 =
1.57×100 =
1.57×1000 =
└ 곱하는 수의 0의
개수만큼 소수점을
오른쪽으로 한 자리
씩 옮겨요.

㉚ 6.33×10 =
6.33×100 =
6.33×1000 =

㉟ 0.046×10 =
0.046×100 =
0.046×1000 =

㉖ 2.06×10 =
2.06×100 =
2.06×1000 =

㉛ 7.21×10 =
7.21×100 =
7.21×1000 =

㊱ 0.189×10 =
0.189×100 =
0.189×1000 =

㉗ 3.69×10 =
3.69×100 =
3.69×1000 =

㉜ 7.84×10 =
7.84×100 =
7.84×1000 =

㊲ 0.237×10 =
0.237×100 =
0.237×1000 =

㉘ 4.18×10 =
4.18×100 =
4.18×1000 =

㉝ 8.75×10 =
8.75×100 =
8.75×1000 =

㊳ 0.362×10 =
0.362×100 =
0.362×1000 =

㉙ 5.92×10 =
5.92×100 =
5.92×1000 =

㉞ 9.78×10 =
9.78×100 =
9.78×1000 =

㊴ 0.455×10 =
0.455×100 =
0.455×1000 =

40 0.518×10 =
0.518×100 =
0.518×1000 =

45 1.625×10 =
1.625×100 =
1.625×1000 =

50 5.293×10 =
5.293×100 =
5.293×1000 =

41 0.671×10 =
0.671×100 =
0.671×1000 =

46 2.308×10 =
2.308×100 =
2.308×1000 =

51 6.287×10 =
6.287×100 =
6.287×1000 =

42 0.739×10 =
0.739×100 =
0.739×1000 =

47 3.079×10 =
3.079×100 =
3.079×1000 =

52 7.542×10 =
7.542×100 =
7.542×1000 =

43 0.824×10 =
0.824×100 =
0.824×1000 =

48 3.451×10 =
3.451×100 =
3.451×1000 =

53 8.126×10 =
8.126×100 =
8.126×1000 =

44 0.906×10 =
0.906×100 =
0.906×1000 =

49 4.164×10 =
4.164×100 =
4.164×1000 =

54 9.955×10 =
9.955×100 =
9.955×1000 =

(자연수)× 0.1, 0.01, 0.001

⬤ **385×0.1, 0.01, 0.001의 계산**

곱하는 소수의 소수점 아래 자리 수가 하나씩 늘어날 때마다
곱의 소수점이 왼쪽으로 한 자리씩 옮겨집니다.

$$385 \times \boxed{0.1} = \boxed{38.5}$$

왼쪽으로
한 자리

$$385 \times \boxed{0.01} = \boxed{3.85}$$

왼쪽으로
두 자리

$$385 \times \boxed{0.001} = \boxed{0.385}$$

왼쪽으로
세 자리

곱의 소수점을
옮길 자리가 없으면
왼쪽으로 0을 채우면서
소수점을 옮깁니다.

⭕ 계산해 보세요.

1
1×0.1=
1×0.01=
1×0.001=

2
2×0.1=
2×0.01=
2×0.001=

3
3×0.1=
3×0.01=
3×0.001=

4
4×0.1=
4×0.01=
4×0.001=

5
5×0.1=
5×0.01=
5×0.001=

6
6×0.1=
6×0.01=
6×0.001=

7
7×0.1=
7×0.01=
7×0.001=

8
8×0.1=
8×0.01=
8×0.001=

9
9×0.1=
9×0.01=
9×0.001=

⑩ $13 \times 0.1 =$
$13 \times 0.01 =$
$13 \times 0.001 =$

⑮ $48 \times 0.1 =$
$48 \times 0.01 =$
$48 \times 0.001 =$

⑳ $72 \times 0.1 =$
$72 \times 0.01 =$
$72 \times 0.001 =$

⑪ $18 \times 0.1 =$
$18 \times 0.01 =$
$18 \times 0.001 =$

⑯ $54 \times 0.1 =$
$54 \times 0.01 =$
$54 \times 0.001 =$

㉑ $83 \times 0.1 =$
$83 \times 0.01 =$
$83 \times 0.001 =$

⑫ $22 \times 0.1 =$
$22 \times 0.01 =$
$22 \times 0.001 =$

⑰ $57 \times 0.1 =$
$57 \times 0.01 =$
$57 \times 0.001 =$

㉒ $89 \times 0.1 =$
$89 \times 0.01 =$
$89 \times 0.001 =$

⑬ $39 \times 0.1 =$
$39 \times 0.01 =$
$39 \times 0.001 =$

⑱ $60 \times 0.1 =$
$60 \times 0.01 =$
$60 \times 0.001 =$

㉓ $91 \times 0.1 =$
$91 \times 0.01 =$
$91 \times 0.001 =$

⑭ $41 \times 0.1 =$
$41 \times 0.01 =$
$41 \times 0.001 =$

⑲ $65 \times 0.1 =$
$65 \times 0.01 =$
$65 \times 0.001 =$

㉔ $97 \times 0.1 =$
$97 \times 0.01 =$
$97 \times 0.001 =$

○ 계산해 보세요.

㉕ $125 \times 0.1 =$
$125 \times 0.01 =$
$125 \times 0.001 =$

곱하는 소수의 소수점 아래 자리 수만큼 소수점을 왼쪽으로 한 자리씩 옮겨요.

㉖ $208 \times 0.1 =$
$208 \times 0.01 =$
$208 \times 0.001 =$

㉗ $234 \times 0.1 =$
$234 \times 0.01 =$
$234 \times 0.001 =$

㉘ $317 \times 0.1 =$
$317 \times 0.01 =$
$317 \times 0.001 =$

㉙ $359 \times 0.1 =$
$359 \times 0.01 =$
$359 \times 0.001 =$

㉚ $423 \times 0.1 =$
$423 \times 0.01 =$
$423 \times 0.001 =$

㉛ $496 \times 0.1 =$
$496 \times 0.01 =$
$496 \times 0.001 =$

㉜ $540 \times 0.1 =$
$540 \times 0.01 =$
$540 \times 0.001 =$

㉝ $632 \times 0.1 =$
$632 \times 0.01 =$
$632 \times 0.001 =$

㉞ $691 \times 0.1 =$
$691 \times 0.01 =$
$691 \times 0.001 =$

㉟ $706 \times 0.1 =$
$706 \times 0.01 =$
$706 \times 0.001 =$

㊱ $775 \times 0.1 =$
$775 \times 0.01 =$
$775 \times 0.001 =$

㊲ $847 \times 0.1 =$
$847 \times 0.01 =$
$847 \times 0.001 =$

㊳ $923 \times 0.1 =$
$923 \times 0.01 =$
$923 \times 0.001 =$

㊴ $982 \times 0.1 =$
$982 \times 0.01 =$
$982 \times 0.001 =$

40 $1520 \times 0.1 =$
$1520 \times 0.01 =$
$1520 \times 0.001 =$

45 $3129 \times 0.1 =$
$3129 \times 0.01 =$
$3129 \times 0.001 =$

50 $7400 \times 0.1 =$
$7400 \times 0.01 =$
$7400 \times 0.001 =$

41 $1945 \times 0.1 =$
$1945 \times 0.01 =$
$1945 \times 0.001 =$

46 $4782 \times 0.1 =$
$4782 \times 0.01 =$
$4782 \times 0.001 =$

51 $7958 \times 0.1 =$
$7958 \times 0.01 =$
$7958 \times 0.001 =$

42 $2070 \times 0.1 =$
$2070 \times 0.01 =$
$2070 \times 0.001 =$

47 $5231 \times 0.1 =$
$5231 \times 0.01 =$
$5231 \times 0.001 =$

52 $8236 \times 0.1 =$
$8236 \times 0.01 =$
$8236 \times 0.001 =$

43 $2613 \times 0.1 =$
$2613 \times 0.01 =$
$2613 \times 0.001 =$

48 $5824 \times 0.1 =$
$5824 \times 0.01 =$
$5824 \times 0.001 =$

53 $8861 \times 0.1 =$
$8861 \times 0.01 =$
$8861 \times 0.001 =$

44 $3007 \times 0.1 =$
$3007 \times 0.01 =$
$3007 \times 0.001 =$

49 $6196 \times 0.1 =$
$6196 \times 0.01 =$
$6196 \times 0.001 =$

54 $9043 \times 0.1 =$
$9043 \times 0.01 =$
$9043 \times 0.001 =$

소수끼리의 곱셈에서 곱의 소수점 위치

● **7×6=42를 보고 소수끼리의 곱셈에서 곱의 소수점 위치 알아보기**

곱하는 두 소수의 소수점 아래 자리 수를 더한 것만큼 곱의 소수점이 왼쪽으로 옮겨집니다.

$$7×6=42$$

$$\underset{\text{소수 한 자리 수}}{0.7} × \underset{\text{소수 한 자리 수}}{0.6} = \underset{\text{왼쪽으로 두 자리}}{0.42}$$

$$\underset{\text{소수 한 자리 수}}{0.7} × \underset{\text{소수 두 자리 수}}{0.06} = \underset{\text{왼쪽으로 세 자리}}{0.042}$$

$$\underset{\text{소수 두 자리 수}}{0.07} × \underset{\text{소수 두 자리 수}}{0.06} = \underset{\text{왼쪽으로 네 자리}}{0.0042}$$

○ 주어진 식을 보고 계산해 보세요.

1 | $5×8=40$

0.5 × 0.8 =
0.5 × 0.08 =
0.05 × 0.08 =

3 | $6×9=54$

0.6 × 0.9 =
0.6 × 0.09 =
0.06 × 0.09 =

5 | $9×16=144$

0.9 × 1.6 =
0.9 × 0.16 =
0.09 × 0.16 =

2 | $13×4=52$

1.3 × 0.4 =
0.13 × 0.4 =
0.13 × 0.04 =

4 | $9×8=72$

0.9 × 0.8 =
0.09 × 0.8 =
0.09 × 0.08 =

6 | $21×7=147$

2.1 × 0.7 =
0.21 × 0.7 =
0.21 × 0.07 =

40 1520 × 0.1 =
1520 × 0.01 =
1520 × 0.001 =

41 1945 × 0.1 =
1945 × 0.01 =
1945 × 0.001 =

42 2070 × 0.1 =
2070 × 0.01 =
2070 × 0.001 =

43 2613 × 0.1 =
2613 × 0.01 =
2613 × 0.001 =

44 3007 × 0.1 =
3007 × 0.01 =
3007 × 0.001 =

45 3129 × 0.1 =
3129 × 0.01 =
3129 × 0.001 =

46 4782 × 0.1 =
4782 × 0.01 =
4782 × 0.001 =

47 5231 × 0.1 =
5231 × 0.01 =
5231 × 0.001 =

48 5824 × 0.1 =
5824 × 0.01 =
5824 × 0.001 =

49 6196 × 0.1 =
6196 × 0.01 =
6196 × 0.001 =

50 7400 × 0.1 =
7400 × 0.01 =
7400 × 0.001 =

51 7958 × 0.1 =
7958 × 0.01 =
7958 × 0.001 =

52 8236 × 0.1 =
8236 × 0.01 =
8236 × 0.001 =

53 8861 × 0.1 =
8861 × 0.01 =
8861 × 0.001 =

54 9043 × 0.1 =
9043 × 0.01 =
9043 × 0.001 =

35 소수끼리의 곱셈에서 곱의 소수점 위치

● **7×6=42를 보고 소수끼리의 곱셈에서 곱의 소수점 위치 알아보기**

곱하는 두 소수의 소수점 아래 자리 수를 더한 것만큼 곱의 소수점이 왼쪽으로 옮겨집니다.

$$7×6=42$$

0.7 × 0.6 = 0.42
소수 한 자리 수 소수 한 자리 수 왼쪽으로 두 자리

0.7 × 0.06 = 0.042
소수 한 자리 수 소수 두 자리 수 왼쪽으로 세 자리

0.07 × 0.06 = 0.0042
소수 두 자리 수 소수 두 자리 수 왼쪽으로 네 자리

○ **주어진 식을 보고 계산해 보세요.**

1 $5×8=40$

$0.5×0.8=$
$0.5×0.08=$
$0.05×0.08=$

3 $6×9=54$

$0.6×0.9=$
$0.6×0.09=$
$0.06×0.09=$

5 $9×16=144$

$0.9×1.6=$
$0.9×0.16=$
$0.09×0.16=$

2 $13×4=52$

$1.3×0.4=$
$0.13×0.4=$
$0.13×0.04=$

4 $9×8=72$

$0.9×0.8=$
$0.09×0.8=$
$0.09×0.08=$

6 $21×7=147$

$2.1×0.7=$
$0.21×0.7=$
$0.21×0.07=$

7 $13 \times 17 = 221$

$1.3 \times 1.7 =$
$0.13 \times 1.7 =$
$0.13 \times 0.17 =$

11 $159 \times 5 = 795$

$15.9 \times 0.5 =$
$1.59 \times 0.5 =$
$1.59 \times 0.05 =$

15 $236 \times 11 = 2596$

$23.6 \times 0.11 =$
$2.36 \times 1.1 =$
$0.236 \times 1.1 =$

8 $7 \times 33 = 231$

$0.7 \times 3.3 =$
$0.7 \times 0.33 =$
$0.07 \times 0.33 =$

12 $28 \times 36 = 1008$

$2.8 \times 3.6 =$
$2.8 \times 0.36 =$
$0.28 \times 0.36 =$

16 $458 \times 9 = 4122$

$45.8 \times 0.9 =$
$45.8 \times 0.09 =$
$4.58 \times 0.09 =$

9 $5 \times 64 = 320$

$0.5 \times 6.4 =$
$0.05 \times 6.4 =$
$0.05 \times 0.64 =$

13 $42 \times 29 = 1218$

$4.2 \times 2.9 =$
$0.42 \times 2.9 =$
$0.42 \times 0.29 =$

17 $414 \times 16 = 6624$

$4.14 \times 1.6 =$
$41.4 \times 0.16 =$
$0.414 \times 1.6 =$

10 $58 \times 6 = 348$

$5.8 \times 0.6 =$
$5.8 \times 0.06 =$
$0.58 \times 0.06 =$

14 $359 \times 6 = 2154$

$35.9 \times 0.6 =$
$35.9 \times 0.06 =$
$3.59 \times 0.06 =$

18 $308 \times 23 = 7084$

$30.8 \times 0.23 =$
$3.08 \times 2.3 =$
$0.308 \times 2.3 =$

○ 주어진 식을 보고 계산해 보세요.

19 $26 \times 8 = 208$

$2.6 \times 0.8 =$
$2.6 \times 0.08 =$
$0.26 \times 0.08 =$

23 $29 \times 91 = 2639$

$2.9 \times 9.1 =$
$2.9 \times 0.91 =$
$0.29 \times 0.91 =$

27 $918 \times 7 = 6426$

$91.8 \times 0.7 =$
$91.8 \times 0.07 =$
$9.18 \times 0.07 =$

20 $6 \times 94 = 564$

$0.6 \times 9.4 =$
$0.06 \times 9.4 =$
$0.06 \times 0.94 =$

24 $53 \times 58 = 3074$

$5.3 \times 5.8 =$
$0.53 \times 5.8 =$
$0.53 \times 0.58 =$

28 $321 \times 23 = 7383$

$32.1 \times 2.3 =$
$3.21 \times 2.3 =$
$3.21 \times 0.23 =$

21 $82 \times 7 = 574$

$8.2 \times 0.7 =$
$8.2 \times 0.07 =$
$0.82 \times 0.07 =$

25 $604 \times 9 = 5436$

$60.4 \times 0.9 =$
$60.4 \times 0.09 =$
$6.04 \times 0.09 =$

29 $248 \times 35 = 8680$

$24.8 \times 0.35 =$
$2.48 \times 3.5 =$
$0.248 \times 3.5 =$

22 $9 \times 86 = 774$

$0.9 \times 8.6 =$
$0.09 \times 8.6 =$
$0.09 \times 0.86 =$

26 $729 \times 8 = 5832$

$72.9 \times 0.8 =$
$7.29 \times 0.8 =$
$7.29 \times 0.08 =$

30 $417 \times 22 = 9174$

$41.7 \times 0.22 =$
$4.17 \times 2.2 =$
$0.417 \times 2.2 =$

31　$2.3 \times 17 = 39.1$

$2.3 \times 1.7 =$
$2.3 \times 0.17 =$
$0.23 \times 0.17 =$

35　$33 \times 1.3 = 42.9$

$3.3 \times 1.3 =$
$3.3 \times 0.13 =$
$0.33 \times 0.13 =$

39　$4.1 \times 1.4 = 5.74$

$4.1 \times 0.14 =$
$0.41 \times 1.4 =$
$0.41 \times 0.14 =$

32　$4.5 \times 12 = 54$

$4.5 \times 1.2 =$
$0.45 \times 1.2 =$
$0.45 \times 0.12 =$

36　$24 \times 3.1 = 74.4$

$2.4 \times 3.1 =$
$2.4 \times 0.31 =$
$0.24 \times 0.31 =$

40　$3.8 \times 2.6 = 9.88$

$0.38 \times 2.6 =$
$3.8 \times 0.26 =$
$0.38 \times 0.26 =$

33　$3.8 \times 21 = 79.8$

$3.8 \times 2.1 =$
$3.8 \times 0.21 =$
$0.38 \times 0.21 =$

37　$19 \times 2.8 = 53.2$

$1.9 \times 2.8 =$
$0.19 \times 2.8 =$
$0.19 \times 0.28 =$

41　$7.2 \times 3.6 = 25.92$

$7.2 \times 0.36 =$
$0.72 \times 3.6 =$
$0.72 \times 0.36 =$

34　$6.7 \times 14 = 93.8$

$6.7 \times 1.4 =$
$0.67 \times 1.4 =$
$0.67 \times 0.14 =$

38　$17 \times 5.6 = 95.2$

$1.7 \times 5.6 =$
$0.17 \times 5.6 =$
$0.17 \times 0.56 =$

42　$5.3 \times 5.8 = 30.74$

$0.53 \times 5.8 =$
$5.3 \times 0.58 =$
$0.53 \times 0.58 =$

36 계산 Plus+

곱의 소수점 위치

○ 빈칸에 알맞은 수를 써넣으세요.

1

0.4

- ×10 →
- ×100 →
- ×1000 →

4

17

- ×0.1 →
- ×0.01 →
- ×0.001 →

2

2.48

- ×10 →
- ×100 →
- ×1000 →

5

413

- ×0.1 →
- ×0.01 →
- ×0.001 →

3

0.175

- ×10 →
- ×100 →
- ×1000 →

6

2006

- ×0.1 →
- ×0.01 →
- ×0.001 →

7 ⊗

16	4	64
1.6	0.4	
1.6	0.04	
0.16	0.04	

10 ⊗

0.6	13	7.8
0.6	1.3	
0.06	1.3	
0.06	0.13	

8 ⊗

23	28	644
2.3	2.8	
0.23	2.8	
0.23	0.28	

11 ⊗

25	0.9	22.5
2.5	0.9	
0.25	0.9	
0.25	0.09	

9 ⊗

312	19	5928
31.2	1.9	
31.2	0.19	
3.12	0.19	

12 ⊗

3.3	1.8	5.94
3.3	0.18	
0.33	1.8	
0.33	0.18	

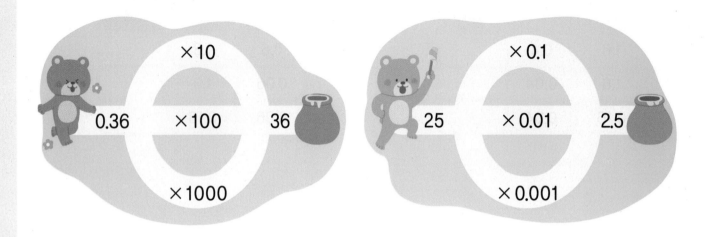

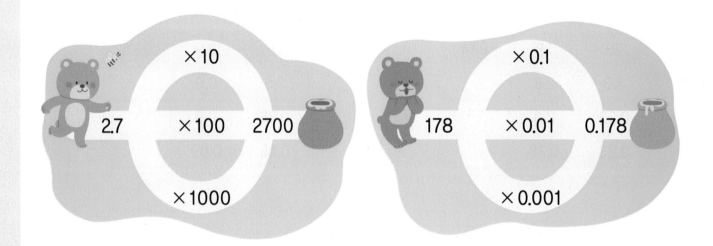

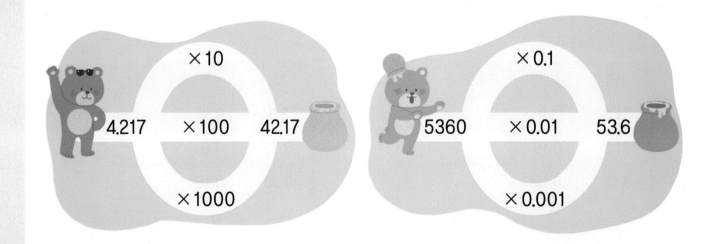

◉ 사다리를 타고 내려가서 도착한 곳에 계산 결과를 써넣으세요. (단, 사다리 타기는 사다리를 따라 내려
가다가 가로로 놓인 선을 만날 때마다 가로선을 따라 꺾어서 맨 아래까지 내려가는 놀이입니다.)

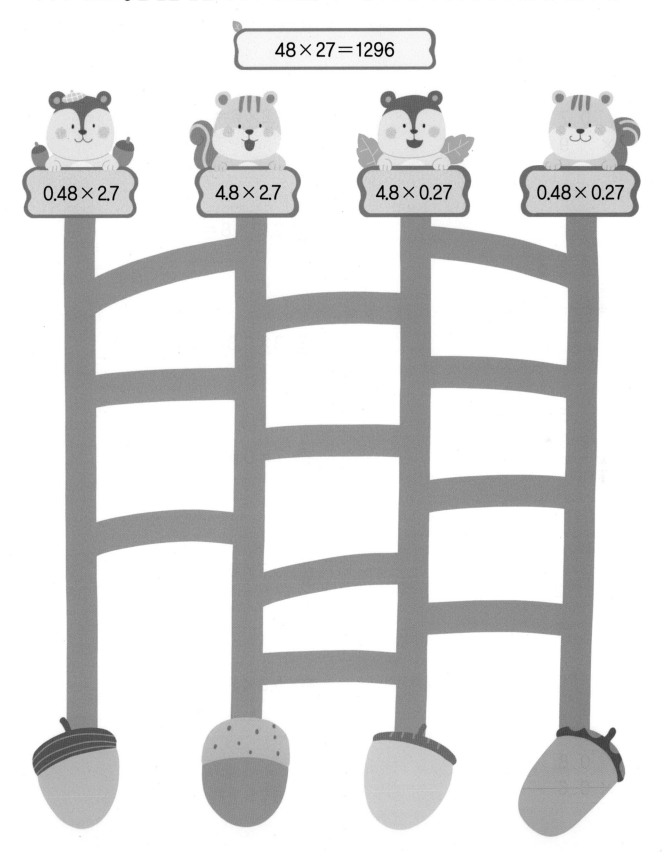

48 × 27 = 1296

0.48 × 2.7

4.8 × 2.7

4.8 × 0.27

0.48 × 0.27

37 소수의 곱셈 평가

○ 계산해 보세요.

1
```
      0 . 7
  ×       9
```

2
```
      0 . 2  6
  ×          4
```

3
```
          5
  ×   2 . 3
```

4
```
          1  1
  ×   1 . 2  8
```

5
```
      0 . 8
  ×   0 . 6
```

6 1.2×6=

7 3.12×8=

8 8×0.3=

9 7×0.53=

10 0.7×0.26=

11 5.3×3.6=

12 6.7×1.72=

○ 계산해 보세요.

⑬ $1.9 \times 10 =$
$1.9 \times 100 =$
$1.9 \times 1000 =$

⑭ $2560 \times 0.1 =$
$2560 \times 0.01 =$
$2560 \times 0.001 =$

○ 주어진 식을 보고 계산해 보세요.

⑮ $8 \times 34 = 272$

$0.8 \times 3.4 =$
$0.8 \times 0.34 =$
$0.08 \times 0.34 =$

⑯ $46 \times 0.3 = 13.8$

$4.6 \times 0.3 =$
$0.46 \times 0.3 =$
$0.46 \times 0.03 =$

○ 빈칸에 알맞은 수를 써넣으세요.

⑰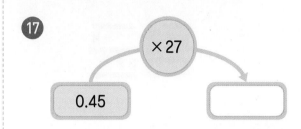

⑱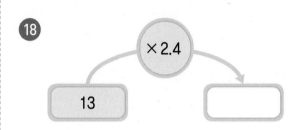

⑲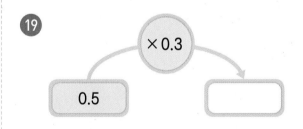

⑳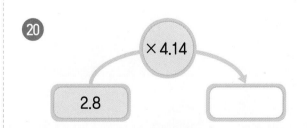

155

평균의 개념을 알고, 평균을 구하는 훈련이 중요한

4 평균

평균의 개념을 알고, 평균을 구하는 훈련이 중요한

38 평균

- 평균: 각 자료의 값을 고르게 하여 나타낼 때, 그 자료를 대표하는 값

$$(평균)=(자료의 값을 모두 더한 수)÷(자료의 수)$$

예 공 던지기 기록의 평균 구하기

공 던지기 기록

회	1회	2회	3회	4회
기록(m)	18	21	27	14

- (공 던지기 기록의 합)=18＋21＋27＋14＝80(m)
- (횟수)=4회
- → (공 던지기 기록의 평균)=80÷4＝20(m)

 자료의 평균을 구해 보세요.

1

15	9	12

(평균)=(15＋9＋12)÷ ▢

＝ ▢

3

7	31	21	33

(평균)=(7＋31＋21＋33)÷ ▢

＝ ▢

2

10	20	18

(평균)=(10＋20＋18)÷ ▢

＝ ▢

4

42	25	18	39

(평균)=(42＋25＋18＋39)÷ ▢

＝ ▢

⑤ 5   7   11   10   12

( )

⑪ 42   28   53   32   40

( )

⑥ 19   13   6   18   9

( )

⑫ 47   41   52   44   41

( )

⑦ 20   16   14   23   12

( )

⑬ 49   55   47   56   48

( )

⑧ 17   25   23   21   14

( )

⑭ 60   58   46   52   64

( )

⑨ 30   22   19   25   24

( )

⑮ 77   57   64   59   53

( )

⑩ 28   31   34   29   43

( )

⑯ 80   75   82   77   76

( )

◎ 표를 보고 자료의 평균을 구해 보세요.

17 읽은 책 수

이름	민아	재호	수현	준서
책 수(권)	7	3	6	4

( )

18 고리 던지기 기록

이름	정서	명수	진희	성현
기록(개)	6	8	5	9

( )

19 동아리 회원의 나이

이름	윤호	아린	채훈	서아
나이(살)	19	14	16	11

( )

20 반별 학생 수

반	1반	2반	3반	4반
학생 수(명)	23	20	19	22

( )

21 줄넘기 기록

회	1회	2회	3회	4회
기록(회)	36	29	33	30

( )

22 운동 시간

이름	현수	지아	철민	수정
시간(분)	44	36	42	38

( )

23 쓰레기 배출량

마을	가	나	다	라
배출량(kg)	50	58	61	47

( )

24 귤 생산량

농장	가	나	다	라
생산량(상자)	90	66	75	69

( )

25 반별 안경을 쓴 학생 수

반	1반	2반	3반	4반	5반
학생 수(명)	4	10	8	7	11

(   )

29 훌라후프 기록

이름	영희	선호	주희	희재	선아
기록(번)	45	38	40	37	45

(   )

26 윗몸 말아 올리기 기록

이름	윤아	문수	혜지	영우	제아
기록(번)	17	20	18	17	23

(   )

30 컴퓨터 사용 시간

이름	은주	민재	인희	재민	정유
시간(분)	54	60	58	52	61

(   )

27 최고 기온

요일	월	화	수	목	금
기온(℃)	25	23	21	24	17

(   )

31 시험 점수

과목	국어	수학	사회	과학	영어
점수(점)	80	90	85	80	90

(   )

28 읽은 동화책 쪽수

요일	월	화	수	목	금
쪽수(쪽)	29	37	30	35	34

(   )

32 미술관 관람객 수

요일	월	화	수	목	금
관람객 수(명)	100	84	95	96	110

(   )

39 계산 Plus+

평균

● 자료의 평균을 구하여 평균보다 더 큰 자료의 수를 구해 보세요.

1

오래 매달리기 기록

이름	민정	동우	채아	성우
기록(초)	17	21	24	26

평균보다 기록이
더 긴 사람 수 ➡ ☐ 명

2

합창 대회에 참가한 학생 수

반	1반	2반	3반	4반	5반
학생 수(명)	26	25	20	22	27

평균보다 학생 수가
더 많은 반 수 ➡ ☐ 개 반

3

마신 물의 양

이름	윤주	세호	연희	정호	태연
물의 양(mL)	980	900	1100	850	920

평균보다 물을 더
많이 마신 사람 수 ➡ ☐ 명

● 표를 보고 자료의 평균을 비교하여 ◯ 안에 >, =, <를 알맞게 써넣으세요.

4

윤아네 모둠이 가지고 있는 구슬 수

이름	윤아	호민	효주
구슬 수(개)	15	19	17

선재네 모둠이 가지고 있는 구슬 수

이름	선재	유희	준호
구슬 수(개)	20	16	18

윤아네 모둠이 가지고 있는 구슬 수의 평균 ◯ 선재네 모둠이 가지고 있는 구슬 수의 평균

5

정혁이의 제기차기 기록

회	1회	2회	3회
기록(개)	25	24	17

수민이의 제기차기 기록

회	1회	2회	3회
기록(개)	23	14	23

정혁이의 제기차기 기록의 평균 ◯ 수민이의 제기차기 기록의 평균

6

세희가 피아노 연습을 한 시간

요일	월	화	수	목
시간(분)	45	36	41	42

태주가 피아노 연습을 한 시간

요일	월	화	수
시간(분)	42	50	43

세희가 피아노 연습을 한 시간의 평균 ◯ 태주가 피아노 연습을 한 시간의 평균

7

현서의 멀리뛰기 기록

회	1회	2회	3회
기록(cm)	175	160	160

연아의 멀리뛰기 기록

회	1회	2회	3회	4회
기록(cm)	162	145	160	165

현서의 멀리뛰기 기록의 평균 ◯ 연아의 멀리뛰기 기록의 평균

● 강아지가 자료의 평균을 따라갔을 때 만나는 간식을 먹으려고 합니다.
  강아지가 먹게 되는 간식에 ◯표 하세요.

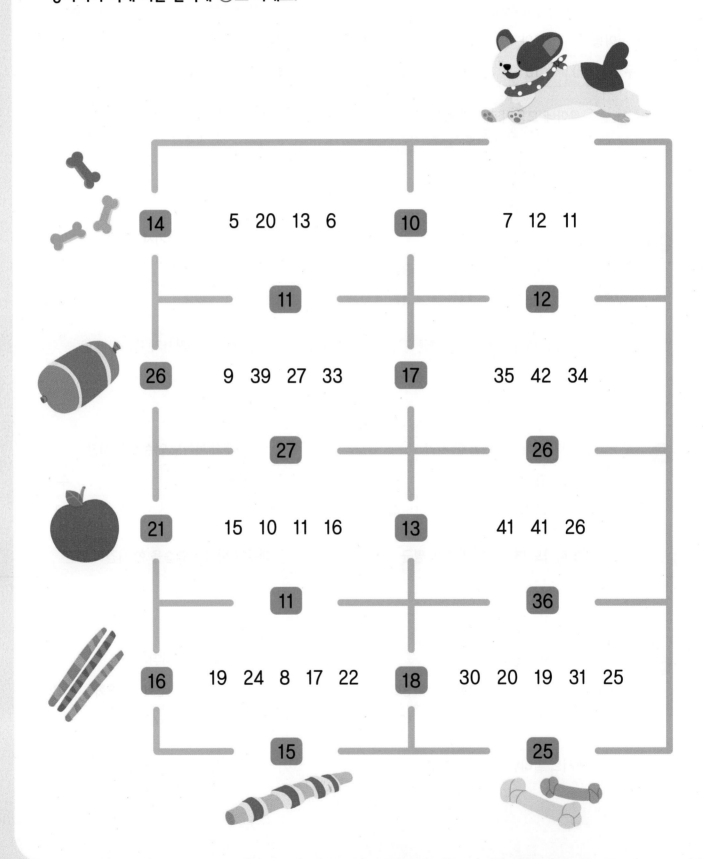

14   5 20 13 6   10   7 12 11

11   12

26   9 39 27 33   17   35 42 34

27   26

21   15 10 11 16   13   41 41 26

11   36

16   19 24 8 17 22   18   30 20 19 31 25

15   25

○ 자료의 평균을 그림에서 찾아 색칠해 보세요.

| 5 8 7 4 | 10 13 6 7 |

| 12 15 11 18 | 26 14 20 16 |

| 28 25 19 22 36 | 33 30 34 27 36 |

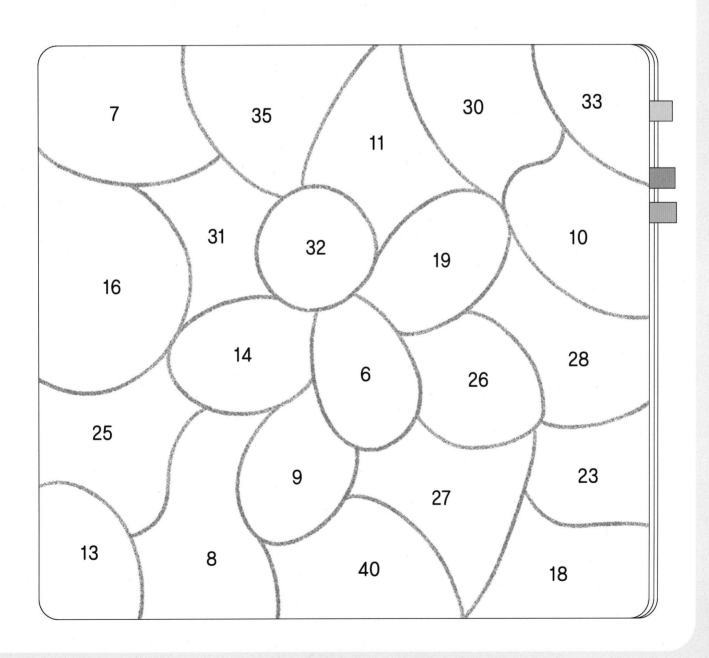

평균 평가

○ 자료의 평균을 구해 보세요.

1 | 20   15   22 |

( )

6 | 14   20   25   19   32 |

( )

2 | 30   41   10 |

( )

7 | 18   40   33   38   66 |

( )

3 | 41   28   30   45 |

( )

8 | 47   36   41   39   37 |

( )

4 | 39   44   47   38 |

( )

9 | 68   50   47   70   55 |

( )

5 | 53   50   59   50 |

( )

10 | 73   61   70   47   69 |

( )

● 표를 보고 자료의 평균을 구해 보세요.

⑪ 50 m 달리기 기록

이름	영찬	재영	태림	선아
기록(초)	9	12	11	8

( )

⑫ 편의점 수

지역	가	나	다	라
편의점 수(군데)	41	29	35	31

( )

⑬ 반별 책 수

반	1반	2반	3반	4반
책 수(권)	50	72	63	47

( )

⑭ 휴대 전화 사용 시간

이름	예림	준수	세은	도준
시간(분)	60	85	90	65

( )

⑮ 초등학생 수

마을	가	나	다	라
학생 수(명)	95	87	90	96

( )

⑯ 5학년 반별 학생 수

반	1반	2반	3반	4반	5반
학생 수(명)	19	17	20	18	21

( )

⑰ 교실의 온도

요일	월	화	수	목	금
온도(℃)	23	20	22	18	22

( )

⑱ 모둠별 가지고 있는 구슬 수

모둠	가	나	다	라	마
구슬 수(개)	48	40	45	53	44

( )

⑲ 포도 생산량

마을	가	나	다	라	마
생산량(kg)	74	60	72	59	70

( )

⑳ 과녁 맞히기 점수

회	1회	2회	3회	4회	5회
점수(점)	90	95	80	85	75

( )

실력평가

○ 올림하여 주어진 자리까지 나타내어 보세요.
[①~②]

① 217(십의 자리)

⇨ (　　　　　)

② 1631(천의 자리)

⇨ (　　　　　)

○ 버림하여 주어진 자리까지 나타내어 보세요.
[③~④]

③ 385(백의 자리)

⇨ (　　　　　)

④ 23602(만의 자리)

⇨ (　　　　　)

○ 반올림하여 주어진 자리까지 나타내어 보세요.
[⑤~⑥]

⑤ 4273(백의 자리)

⇨ (　　　　　)

⑥ 6198(천의 자리)

⇨ (　　　　　)

○ 계산을 하여 기약분수로 나타내어 보세요.
[⑦~⑫]

⑦ $\dfrac{3}{4} \times 8 =$

⑧ $1\dfrac{2}{3} \times 6 =$

⑨ $6 \times \dfrac{2}{7} =$

⑩ $4 \times 1\dfrac{5}{9} =$

⑪ $\dfrac{4}{5} \times \dfrac{1}{6} =$

⑫ $2\dfrac{3}{8} \times \dfrac{4}{9} =$

● 계산해 보세요. [⑬ ~ ⑲]

⑬ 0.7×5＝

⑭ 0.36×8＝

⑮ 12×2.4＝

⑯ 5×4.18＝

⑰ 0.4×0.9＝

⑱ 0.6×0.37＝

⑲ 4.13×1.9＝

● 자료의 평균을 구해 보세요. [⑳ ~ ㉕]

⑳

6	8	4

(   )

㉑

12	20	25

(   )

㉒

5	9	13	17

(   )

㉓

11	27	24	18

(   )

㉔

21	35	13	19	37

(   )

㉕

34	31	26	35	14

(   )

● 올림하여 주어진 자리까지 나타내어 보세요.

[1 ~ 2]

1 3729(백의 자리)

⇨ (   )

2 4.9(일의 자리)

⇨ (   )

● 버림하여 주어진 자리까지 나타내어 보세요.

[3 ~ 4]

3 5684(천의 자리)

⇨ (   )

4 1.52(소수 첫째 자리)

⇨ (   )

● 반올림하여 주어진 자리까지 나타내어 보세요.

[5 ~ 6]

5 74871(만의 자리)

⇨ (   )

6 8.6(일의 자리)

⇨ (   )

● 계산을 하여 기약분수로 나타내어 보세요.

[7 ~ 12]

7 $\dfrac{1}{6} \times 12 =$

8 $15 \times 1\dfrac{4}{5} =$

9 $\dfrac{4}{7} \times \dfrac{3}{10} =$

10 $2\dfrac{1}{10} \times \dfrac{5}{14} =$

11 $2\dfrac{3}{20} \times 1\dfrac{7}{8} =$

12 $\dfrac{1}{8} \times \dfrac{4}{5} \times \dfrac{1}{6} =$

○ 계산해 보세요. [⑬~⑲]

⑬ $0.9 \times 12 =$

⑭ $4.5 \times 6 =$

⑮ $6.57 \times 18 =$

⑯ $17 \times 0.5 =$

⑰ $23 \times 0.26 =$

⑱ $14 \times 1.8 =$

⑲ $3.4 \times 2.58 =$

○ 자료의 평균을 구해 보세요. [⑳~㉕]

⑳

27	10	5

(　　　　　　　)

㉑

32	16	7	13

(　　　　　　　)

㉒

20	37	23	44

(　　　　　　　)

㉓

57	49	29	54	41

(　　　　　　　)

㉔ 휴대 전화 사용 시간

이름	나연	윤호	자윤	경수
시간(분)	74	80	62	48

(　　　　　　　)

㉕ 교실의 온도

요일	월	화	수	목	금
온도(℃)	19	25	26	21	24

(　　　　　　　)

○ 올림하여 주어진 자리까지 나타내어 보세요.

[1 ~ 2]

1　86147(천의 자리)

　　⇨ (　　　　　　　)

2　6.18(소수 첫째 자리)

　　⇨ (　　　　　　　)

○ 버림하여 주어진 자리까지 나타내어 보세요.

[3 ~ 4]

3　782(백의 자리)

　　⇨ (　　　　　　　)

4　5.94(소수 첫째 자리)

　　⇨ (　　　　　　　)

○ 반올림하여 주어진 자리까지 나타내어 보세요.

[5 ~ 6]

5　926(십의 자리)

　　⇨ (　　　　　　　)

6　5.743(소수 둘째 자리)

　　⇨ (　　　　　　　)

○ 계산을 하여 기약분수로 나타내어 보세요.

[7 ~ 12]

7　$2\dfrac{3}{4} \times 4 =$

8　$20 \times \dfrac{7}{10} =$

9　$\dfrac{13}{18} \times \dfrac{15}{26} =$

10　$2\dfrac{5}{8} \times 3\dfrac{2}{3} =$

11　$\dfrac{8}{9} \times \dfrac{3}{4} \times 1\dfrac{2}{5} =$

12　$\dfrac{5}{6} \times 15 \times 2\dfrac{3}{5} =$

○ 계산해 보세요. [⑬ ～ ⑲]

⑬ $8.7 \times 16 =$

⑭ $7.93 \times 12 =$

⑮ $19 \times 0.9 =$

⑯ $17 \times 0.84 =$

⑰ $0.46 \times 0.6 =$

⑱ $5.19 \times 2.8 =$

⑲ $8.27 \times 1.53 =$

○ 자료의 평균을 구해 보세요. [⑳ ～ ㉕]

⑳
22	27	38

(　　　　　　　　　　)

㉑
36	31	42	39

(　　　　　　　　　　)

㉒
26	32	56	48	43

(　　　　　　　　　　)

㉓ 수학 점수

이름	민형	혜인	동영	민지
점수(점)	88	92	72	84

(　　　　　　　　　　)

㉔ 독서 시간

요일	월	화	수	목	금
시간(분)	30	62	86	47	55

(　　　　　　　　　　)

㉕ 줄넘기 기록

이름	정원	준호	영우	보나	유연
기록(회)	68	59	48	52	33

(　　　　　　　　　　)

memo

정답
QR 코드

완자

공부력

정답

계산

초등 수학

5B

5학년

 책 속의 가접 별책 (특허 제 0557442호)

'정답'은 본책에서 쉽게 분리할 수 있도록 제작되었으므로
유통 과정에서 분리될 수 있으나 파본이 아닌 정상 제품입니다.

visang

ABOVE IMAGINATION

우리는 남다른 상상과 혁신으로
교육 문화의 새로운 전형을 만들어
모든 이의 행복한 경험과 성장에 기여한다

ⓦ 완자

공부력

초등 수학
계산 5B

· · · ·

정답

완자
공부력 가이드

완자 공부력 시리즈는
앞으로도 계속 출간될 예정입니다.

국어
맞춤법
바로 쓰기
1~2학년용
4책

쓰기력

전과목
어휘
1~6학년용
12책

전과목
한자
어휘
1~6학년용
12책

영어
파닉스
1~2학년용
2책

영어
영단어
3~6학년용
8책

어휘력

국어
독해
1~6학년용
12책

한국사
독해
인물편
3~6학년용
4책

한국사
독해
시대편
3~6학년용
4책

독해력

수학
계산
1~6학년용
12책

계산력

완자 공부력 시리즈로 공부 근육을 키워요!

매일 성장하는
초등 자기개발서
ω 완자
공부력

학습의 기초가 되는 읽기, 쓰기, 셈하기와 관련된
공부력을 키워야 여러 교과를 터득하기 쉬워집니다.
또한 어휘력과 독해력, 쓰기력, 계산력을 바탕으로 한
'공부력'은 자기주도 학습으로 상당한 단계까지 올라갈 수
있는 밑바탕이 되어 줍니다. 그래서 매일 꾸준한 학습이
가능한 '**완자 공부력 시리즈**'로 공부하면 **자기주도학습이**
가능한 튼튼한 공부 근육을 키울 수 있을 것이라 확신합니다.

효과적인 공부력 강화 계획을 세워요!

○ 학년별 공부 계획
내 학년에 맞게 꾸준하게 공부 계획을 세워요!

		1-2학년	3-4학년	5-6학년
기본	독해	국어 독해 1A 1B 2A 2B	국어 독해 3A 3B 4A 4B	국어 독해 5A 5B 6A 6B
	계산	수학 계산 1A 1B 2A 2B	수학 계산 3A 3B 4A 4B	수학 계산 5A 5B 6A 6B
	어휘	전과목 어휘 1A 1B 2A 2B	전과목 어휘 3A 3B 4A 4B	전과목 어휘 5A 5B 6A 6B
		파닉스 1 2	영단어 3A 3B 4A 4B	영단어 5A 5B 6A 6B
확장	어휘	전과목 한자 어휘 1A 1B 2A 2B	전과목 한자 어휘 3A 3B 4A 4B	전과목 한자 어휘 5A 5B 6A 6B
	쓰기	맞춤법 바로 쓰기 1A 1B 2A 2B		
	독해			한국사 독해 인물편 1 2 3 4
				한국사 독해 시대편 1 2 3 4

○ 시기별 공부 계획

학기 중에는 **기본**, 방학 중에는 **기본 + 확장**으로 공부 계획을 세워요!

방학 중			
학기 중			
기본			**확장**
독해	계산	어휘	어휘, 쓰기, 독해
국어 독해	수학 계산	전과목 어휘	전과목 한자 어휘
		파닉스(1~2학년) 영단어(3~6학년)	맞춤법 바로 쓰기(1~2학년) 한국사 독해(3~6학년)

예시 **초1 학기 중 공부 계획표** 주 5일 하루 3과목 (45분)

월	화	수	목	금
국어 독해	국어 독해	국어 독해	국어 독해	국어 독해
수학 계산	수학 계산	수학 계산	수학 계산	수학 계산
전과목 어휘	파닉스	전과목 어휘	전과목 어휘	파닉스

예시 **초4 방학 중 공부 계획표** 주 5일 하루 4과목 (60분)

월	화	수	목	금
국어 독해	국어 독해	국어 독해	국어 독해	국어 독해
수학 계산	수학 계산	수학 계산	수학 계산	수학 계산
전과목 어휘	영단어	전과목 어휘	전과목 어휘	영단어
한국사 독해 인물편	전과목 한자 어휘	한국사 독해 인물편	전과목 한자 어휘	한국사 독해 인물편

1 수 어림하기

01 올림

10쪽

❶ 160
❷ 1420
❸ 36080
❹ 800
❺ 2600
❻ 47700

11쪽

❼ 3000
❽ 8000
❾ 54000
❿ 20000
⓫ 50000
⓬ 80000
⓭ 1
⓮ 3
⓯ 3.2
⓰ 6.3
⓱ 7.69
⓲ 8.05

12쪽

⓳ 240
⓴ 500
㉑ 520
㉒ 700
㉓ 800
㉔ 970
㉕ 2000
㉖ 3660
㉗ 4900
㉘ 6930
㉙ 9000
㉚ 9100

13쪽

㉛ 20000
㉜ 26400
㉝ 40000
㉞ 50900
㉟ 66850
㊱ 73000
㊲ 2
㊳ 3.8
㊴ 4.13
㊵ 5.9
㊶ 6.39
㊷ 9

02 버림

14쪽

❶ 260
❷ 3140
❸ 26570
❹ 400
❺ 1000
❻ 39500

15쪽

❼ 6000
❽ 9000
❾ 24000
❿ 30000
⓫ 60000
⓬ 70000
⓭ 2
⓮ 3
⓯ 4.7
⓰ 5.6
⓱ 6.92
⓲ 9.01

16쪽

⓳ 360
⓴ 420
㉑ 500
㉒ 610
㉓ 700
㉔ 800
㉕ 2400
㉖ 4000
㉗ 5300
㉘ 7000
㉙ 8200
㉚ 9340

17쪽

㉛ 16500
㉜ 20000
㉝ 36510
㉞ 42000
㉟ 56800
㊱ 80000
㊲ 0.5
㊳ 2
㊴ 3.06
㊵ 4
㊶ 5.9
㊷ 6.15

03 반올림

18쪽

① 250
② 1280
③ 24080

④ 400
⑤ 3200
⑥ 54100

19쪽

⑦ 4000
⑧ 7000
⑨ 20000
⑩ 40000
⑪ 40000
⑫ 70000

⑬ 1
⑭ 2
⑮ 2.2
⑯ 3.5
⑰ 5.15
⑱ 7.94

20쪽

⑲ 100
⑳ 300
㉑ 340
㉒ 410
㉓ 600
㉔ 760

㉕ 2400
㉖ 3260
㉗ 5000
㉘ 7500
㉙ 8000
㉚ 9740

21쪽

㉛ 26600
㉜ 40000
㉝ 46000
㉞ 56380
㉟ 74900
㊱ 90000

㊲ 2
㊳ 3.53
㊴ 4.1
㊵ 5.7
㊶ 8
㊷ 9.41

04 계산 Plus+ 수 어림하기

22쪽

① 1430, 1500, 2000
② 4, 3.1, 3.05
③ 30480, 30400, 30000

④ 1, 1.4, 1.42
⑤ 5130, 5100, 5000
⑥ 4, 4.3, 4.26

23쪽

⑦ 370, 360, 370
⑧ 600, 500, 500
⑨ 3000, 2000, 3000
⑩ 4630, 4620, 4630
⑪ 20000, 10000, 20000

⑫ 63300, 63200, 63300
⑬ 3, 2, 2
⑭ 4.09, 4.08, 4.09
⑮ 6.6, 6.5, 6.6
⑯ 7.17, 7.16, 7.16

1 수 어림하기

24쪽

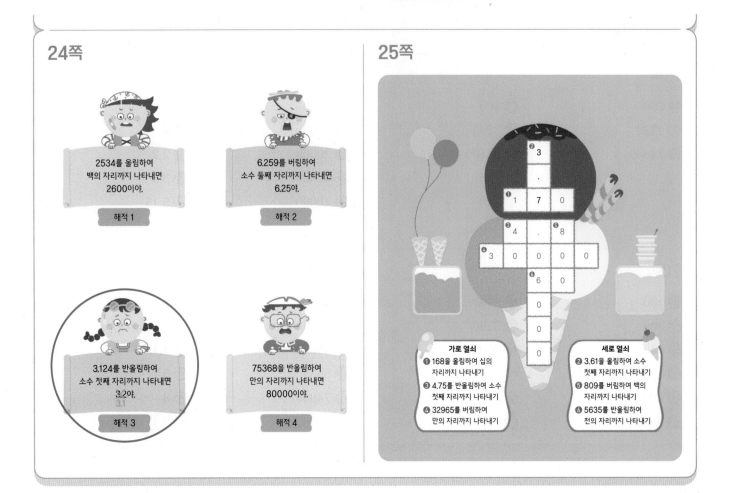

2534를 올림하여 백의 자리까지 나타내면 2600이야.

해적 1

6.259를 버림하여 소수 둘째 자리까지 나타내면 6.25야.

해적 2

3.124를 반올림하여 소수 첫째 자리까지 나타내면 3.2야.
3.1

해적 3

75368을 반올림하여 만의 자리까지 나타내면 80000이야.

해적 4

25쪽

가로 열쇠
❶ 168을 올림하여 십의 자리까지 나타내기
❸ 4.75를 반올림하여 소수 첫째 자리까지 나타내기
❹ 32965를 버림하여 만의 자리까지 나타내기

세로 열쇠
❷ 3.61을 올림하여 소수 첫째 자리까지 나타내기
❺ 809를 버림하여 백의 자리까지 나타내기
❻ 5635를 반올림하여 천의 자리까지 나타내기

°5 수 어림하기 평가

26쪽

❶ 690
❷ 1800
❸ 47000
❹ 5
❺ 7.2

❻ 300
❼ 2000
❽ 50000
❾ 1.6
❿ 8.73

27쪽

⓫ 430
⓬ 7700
⓭ 30000
⓮ 3
⓯ 5.4
⓰ 7.69

⓱ 6290, 6300, 7000
⓲ 2, 2.2, 2.25
⓳ 43100, 43000, 43000
⓴ 9.27, 9.26, 9.27

06 (진분수) × (자연수)

30쪽 ❗계산 결과를 대분수로 나타내지 않아도 정답으로 인정합니다.

① $\dfrac{2}{3}$

② $\dfrac{4}{5}$

③ $\dfrac{3}{8}$

④ 2

⑤ $1\dfrac{1}{2}$

⑥ 4

⑦ $7\dfrac{1}{2}$

⑧ $1\dfrac{3}{7}$

⑨ $10\dfrac{1}{2}$

31쪽

⑩ $1\dfrac{1}{3}$

⑪ $3\dfrac{1}{2}$

⑫ $1\dfrac{2}{3}$

⑬ 14

⑭ $5\dfrac{1}{7}$

⑮ $1\dfrac{1}{3}$

⑯ $3\dfrac{3}{4}$

⑰ $7\dfrac{1}{2}$

⑱ $2\dfrac{4}{9}$

⑲ $2\dfrac{1}{4}$

⑳ $1\dfrac{3}{10}$

㉑ $6\dfrac{6}{7}$

㉒ $1\dfrac{4}{11}$

㉓ $4\dfrac{2}{3}$

㉔ $2\dfrac{1}{6}$

㉕ $5\dfrac{3}{5}$

㉖ $2\dfrac{1}{2}$

㉗ $4\dfrac{4}{9}$

㉘ $5\dfrac{1}{3}$

㉙ $3\dfrac{3}{4}$

㉚ $3\dfrac{1}{2}$

32쪽

㉛ $2\dfrac{1}{2}$

㉜ $1\dfrac{1}{2}$

㉝ 2

㉞ $1\dfrac{1}{5}$

㉟ $\dfrac{2}{7}$

㊱ $\dfrac{2}{3}$

㊲ $\dfrac{1}{4}$

㊳ $1\dfrac{1}{3}$

㊴ 9

㊵ $3\dfrac{1}{5}$

㊶ $2\dfrac{1}{2}$

㊷ 12

㊸ $1\dfrac{1}{2}$

㊹ $1\dfrac{7}{8}$

㊺ $3\dfrac{1}{3}$

㊻ 6

㊼ $13\dfrac{1}{2}$

㊽ $5\dfrac{1}{2}$

㊾ 12

㊿ $3\dfrac{4}{7}$

51 $10\dfrac{2}{3}$

33쪽

52 $4\dfrac{2}{5}$

53 $1\dfrac{1}{4}$

54 $9\dfrac{1}{3}$

55 $6\dfrac{1}{2}$

56 $4\dfrac{1}{2}$

57 $2\dfrac{2}{3}$

58 $3\dfrac{1}{2}$

59 $5\dfrac{1}{2}$

60 $4\dfrac{4}{5}$

61 $7\dfrac{1}{5}$

62 $\dfrac{5}{13}$

63 $5\dfrac{1}{3}$

64 $\dfrac{3}{4}$

65 $7\dfrac{1}{2}$

66 $4\dfrac{2}{5}$

67 $2\dfrac{1}{4}$

68 $6\dfrac{2}{5}$

69 $2\dfrac{5}{6}$

70 $\dfrac{9}{19}$

71 $4\dfrac{2}{3}$

72 $4\dfrac{1}{2}$

2 분수의 곱셈

07 (대분수)×(자연수)

34쪽 ❶ 계산 결과를 대분수로 나타내지 않아도 정답으로 인정합니다.

❶ $2\frac{2}{3}$

❷ $4\frac{4}{5}$

❸ $7\frac{7}{8}$

❹ $5\frac{1}{3}$

❺ $10\frac{1}{2}$

❻ $23\frac{4}{5}$

❼ 26

❽ $5\frac{1}{2}$

❾ $7\frac{5}{7}$

35쪽

⑩ $9\frac{5}{7}$

⑪ $15\frac{1}{2}$

⑫ $7\frac{1}{3}$

⑬ $8\frac{3}{5}$

⑭ $14\frac{1}{2}$

⑮ $10\frac{1}{11}$

⑯ $6\frac{1}{3}$

⑰ $7\frac{5}{13}$

⑱ $30\frac{1}{2}$

⑲ $7\frac{4}{7}$

⑳ 34

㉑ $17\frac{1}{2}$

㉒ $7\frac{2}{3}$

㉓ $25\frac{1}{2}$

㉔ $19\frac{1}{3}$

㉕ $40\frac{1}{2}$

㉖ $4\frac{5}{12}$

㉗ $6\frac{4}{5}$

㉘ $4\frac{5}{13}$

㉙ $21\frac{3}{4}$

㉚ $6\frac{1}{6}$

36쪽

㉛ $2\frac{1}{2}$

㉜ $9\frac{1}{3}$

㉝ $10\frac{2}{7}$

㉞ $6\frac{2}{3}$

㉟ $5\frac{1}{2}$

㊱ $14\frac{2}{11}$

㊲ $10\frac{2}{3}$

㊳ $6\frac{2}{3}$

㊴ $5\frac{1}{2}$

㊵ 9

㊶ $11\frac{1}{3}$

㊷ $2\frac{6}{7}$

㊸ $4\frac{3}{4}$

㊹ $10\frac{7}{8}$

㊺ $7\frac{1}{3}$

㊻ $8\frac{1}{2}$

㊼ $7\frac{1}{11}$

㊽ $14\frac{1}{2}$

㊾ $3\frac{5}{6}$

㊿ $10\frac{4}{7}$

(51) $16\frac{1}{3}$

37쪽

(52) $7\frac{2}{5}$

(53) $6\frac{1}{4}$

(54) $5\frac{1}{17}$

(55) $30\frac{1}{2}$

(56) $5\frac{3}{4}$

(57) $9\frac{4}{5}$

(58) $9\frac{4}{7}$

(59) $9\frac{9}{11}$

(60) $13\frac{1}{6}$

(61) $21\frac{1}{5}$

(62) $17\frac{1}{2}$

(63) $19\frac{1}{3}$

(64) $4\frac{5}{7}$

(65) $32\frac{1}{3}$

(66) $4\frac{9}{16}$

(67) $3\frac{2}{11}$

(68) $15\frac{4}{5}$

(69) $28\frac{1}{4}$

(70) $26\frac{1}{2}$

(71) $6\frac{1}{8}$

(72) $22\frac{3}{4}$

38쪽 ❗ 계산 결과를 대분수로 나타내지 않아도 정답으로 인정합니다.

❶ 2

❷ $2\frac{1}{2}$

❸ $4\frac{1}{2}$

❹ $1\frac{3}{4}$

❺ $6\frac{2}{3}$

❻ $4\frac{4}{9}$

❼ $4\frac{3}{5}$

❽ $26\frac{1}{2}$

39쪽

❾ $\frac{1}{3}$

❿ $3\frac{1}{3}$

⓫ $8\frac{3}{4}$

⓬ $6\frac{3}{5}$

⓭ $11\frac{1}{2}$

⓮ $3\frac{4}{9}$

40쪽

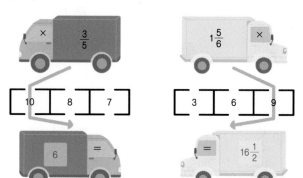

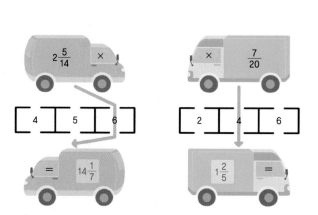

41쪽

$$\frac{3}{7}\times 7 \quad 1\frac{9}{10}\times 20 \quad \frac{10}{13}\times 26 \quad 1\frac{7}{15}\times 15$$

| ㉠ | ㉡ | ㉢ | ㉣ |

㉠ ㉡ ㉢ ㉣
비밀번호는 3 38 20 22 입니다.

09 (자연수)×(진분수)

42쪽

❶ 계산 결과를 대분수로 나타내지 않아도 정답으로 인정합니다.

① $\frac{3}{5}$
② $\frac{2}{7}$
③ $\frac{4}{9}$
④ $2\frac{2}{3}$
⑤ $4\frac{1}{2}$
⑥ 8
⑦ $1\frac{2}{3}$
⑧ $2\frac{1}{7}$
⑨ $4\frac{1}{2}$

43쪽

⑩ $1\frac{2}{3}$
⑪ $11\frac{2}{3}$
⑫ 9
⑬ $6\frac{2}{3}$
⑭ $1\frac{5}{7}$
⑮ $6\frac{1}{2}$
⑯ $4\frac{1}{5}$
⑰ $11\frac{1}{4}$
⑱ $16\frac{1}{2}$
⑲ $2\frac{1}{2}$
⑳ $1\frac{4}{5}$
㉑ $16\frac{1}{4}$
㉒ $2\frac{2}{3}$
㉓ $1\frac{7}{11}$
㉔ $5\frac{2}{3}$
㉕ $3\frac{1}{5}$
㉖ $4\frac{2}{13}$
㉗ $3\frac{1}{3}$
㉘ $10\frac{8}{9}$
㉙ $1\frac{2}{7}$
㉚ $4\frac{2}{3}$

44쪽

㉛ $1\frac{1}{3}$
㉜ 3
㉝ $1\frac{3}{4}$
㉞ $\frac{2}{3}$
㉟ $1\frac{1}{3}$
㊱ $\frac{3}{4}$
㊲ $\frac{2}{5}$
㊳ 6
㊴ $1\frac{1}{5}$
㊵ 12
㊶ $6\frac{2}{3}$
㊷ $1\frac{1}{7}$
㊸ $4\frac{2}{7}$
㊹ $17\frac{1}{2}$
㊺ $2\frac{2}{3}$
㊻ $10\frac{1}{2}$
㊼ $12\frac{3}{5}$
㊽ $3\frac{2}{3}$
㊾ $1\frac{1}{2}$
㊿ $2\frac{2}{3}$
(51) $2\frac{1}{4}$

45쪽

(52) $10\frac{1}{2}$
(53) $1\frac{3}{17}$
(54) $4\frac{1}{3}$
(55) $2\frac{1}{4}$
(56) $1\frac{1}{7}$
(57) $3\frac{1}{3}$
(58) $1\frac{4}{11}$
(59) $3\frac{1}{3}$
(60) $3\frac{1}{6}$
(61) $3\frac{3}{5}$
(62) $1\frac{1}{13}$
(63) $8\frac{8}{9}$
(64) $5\frac{1}{2}$
(65) $5\frac{2}{3}$
(66) $1\frac{1}{4}$
(67) $5\frac{1}{3}$
(68) $6\frac{1}{2}$
(69) $\frac{4}{5}$
(70) $3\frac{1}{2}$
(71) $1\frac{11}{19}$
(72) $1\frac{1}{8}$

46쪽 ❶ 계산 결과를 대분수로 나타내지 않아도 정답으로 인정합니다.

47쪽

① 9

② $5\frac{5}{6}$

③ $4\frac{4}{7}$

④ 5

⑤ $8\frac{1}{4}$

⑥ $5\frac{1}{5}$

⑦ $15\frac{1}{5}$

⑧ $3\frac{2}{3}$

⑨ $11\frac{3}{7}$

⑩ $5\frac{1}{2}$

⑪ $5\frac{3}{4}$

⑫ $5\frac{7}{9}$

⑬ $7\frac{5}{9}$

⑭ $9\frac{1}{5}$

⑮ $2\frac{5}{6}$

⑯ $11\frac{3}{4}$

⑰ $9\frac{11}{13}$

⑱ $2\frac{3}{7}$

⑲ $32\frac{2}{3}$

⑳ $12\frac{2}{3}$

㉑ $2\frac{7}{8}$

㉒ $4\frac{5}{6}$

㉓ $8\frac{3}{5}$

㉔ $3\frac{7}{10}$

㉕ $15\frac{2}{3}$

㉖ $18\frac{1}{2}$

㉗ $15\frac{2}{5}$

㉘ $3\frac{8}{9}$

㉙ $4\frac{9}{14}$

㉚ $10\frac{3}{5}$

48쪽

49쪽

㉛ $5\frac{1}{3}$

㉜ $7\frac{1}{2}$

㉝ $8\frac{2}{5}$

㉞ $4\frac{1}{2}$

㉟ $3\frac{1}{4}$

㊱ $8\frac{1}{2}$

㊲ $6\frac{3}{10}$

㊳ $13\frac{1}{3}$

㊴ 14

㊵ 14

㊶ $22\frac{2}{3}$

㊷ $7\frac{1}{7}$

㊸ $7\frac{5}{7}$

㊹ $10\frac{1}{2}$

㊺ $6\frac{2}{3}$

㊻ $6\frac{2}{9}$

㊼ $13\frac{1}{2}$

㊽ $10\frac{3}{4}$

㊾ $8\frac{1}{7}$

㊿ $5\frac{6}{7}$

51 $7\frac{2}{3}$

52 $13\frac{1}{4}$

53 $13\frac{1}{2}$

54 $8\frac{1}{6}$

55 $3\frac{8}{9}$

56 $33\frac{1}{2}$

57 $8\frac{6}{7}$

58 $9\frac{3}{11}$

59 $9\frac{2}{3}$

60 $31\frac{3}{5}$

61 $4\frac{8}{25}$

62 $27\frac{1}{2}$

63 $12\frac{4}{9}$

64 $12\frac{1}{3}$

65 $5\frac{2}{7}$

66 $4\frac{1}{10}$

67 $16\frac{3}{4}$

68 $2\frac{5}{17}$

69 $16\frac{1}{7}$

70 $4\frac{7}{9}$

71 $4\frac{5}{19}$

72 $9\frac{2}{5}$

11 계산 Plus+ (자연수)×(분수)

50쪽 ❗계산 결과를 대분수로 나타내지 않아도 정답으로 인정합니다.

❶ 2

❷ 6

❸ $1\dfrac{5}{7}$

❹ $13\dfrac{1}{2}$

❺ $8\dfrac{1}{3}$

❻ $19\dfrac{1}{3}$

❼ $5\dfrac{2}{3}$

❽ $7\dfrac{3}{5}$

51쪽

❾ 10

❿ $1\dfrac{3}{4}$

⓫ $4\dfrac{1}{2}$

⓬ $3\dfrac{1}{3}$

⓭ $3\dfrac{1}{4}$

⓮ $6\dfrac{1}{2}$

⓯ $10\dfrac{2}{5}$

⓰ $9\dfrac{3}{4}$

⓱ $11\dfrac{3}{4}$

⓲ $10\dfrac{2}{3}$

52쪽

53쪽

12 (진분수)×(진분수)

54쪽

① $\frac{1}{8}$
② $\frac{1}{35}$
③ $\frac{1}{18}$
④ $\frac{1}{2}$
⑤ $\frac{3}{14}$
⑥ $\frac{2}{15}$
⑦ $\frac{5}{16}$
⑧ $\frac{2}{21}$
⑨ $\frac{3}{14}$

55쪽

⑩ $\frac{5}{18}$
⑪ $\frac{4}{27}$
⑫ $\frac{7}{15}$
⑬ $\frac{3}{4}$
⑭ $\frac{21}{44}$
⑮ $\frac{7}{36}$
⑯ $\frac{9}{65}$
⑰ $\frac{1}{2}$
⑱ $\frac{1}{10}$
⑲ $\frac{11}{21}$
⑳ $\frac{7}{22}$
㉑ $\frac{4}{17}$
㉒ $\frac{1}{3}$
㉓ $\frac{3}{25}$
㉔ $\frac{8}{91}$
㉕ $\frac{9}{77}$
㉖ $\frac{13}{27}$
㉗ $\frac{1}{5}$
㉘ $\frac{5}{21}$
㉙ $\frac{5}{49}$
㉚ $\frac{11}{32}$

56쪽

㉛ $\frac{1}{6}$
㉜ $\frac{1}{20}$
㉝ $\frac{1}{40}$
㉞ $\frac{1}{24}$
㉟ $\frac{1}{21}$
㊱ $\frac{1}{48}$
㊲ $\frac{1}{90}$
㊳ $\frac{2}{3}$
㊴ $\frac{2}{11}$
㊵ $\frac{8}{17}$
㊶ $\frac{5}{7}$
㊷ $\frac{1}{14}$
㊸ $\frac{7}{36}$
㊹ $\frac{5}{27}$
㊺ $\frac{1}{15}$
㊻ $\frac{1}{6}$
㊼ $\frac{3}{22}$
㊽ $\frac{7}{22}$
㊾ $\frac{5}{13}$
㊿ $\frac{3}{49}$
(51) $\frac{7}{20}$

57쪽

(52) $\frac{9}{56}$
(53) $\frac{5}{6}$
(54) $\frac{10}{51}$
(55) $\frac{1}{4}$
(56) $\frac{17}{38}$
(57) $\frac{1}{5}$
(58) $\frac{1}{14}$
(59) $\frac{13}{32}$
(60) $\frac{7}{30}$
(61) $\frac{3}{10}$
(62) $\frac{3}{13}$
(63) $\frac{20}{63}$
(64) $\frac{3}{56}$
(65) $\frac{13}{51}$
(66) $\frac{5}{72}$
(67) $\frac{2}{11}$
(68) $\frac{3}{85}$
(69) $\frac{2}{7}$
(70) $\frac{5}{8}$
(71) $\frac{1}{19}$
(72) $\frac{19}{75}$

13 (대분수)×(진분수)

58쪽 ❗ 계산 결과를 대분수로 나타내지 않아도 정답으로 인정합니다.

① $\dfrac{4}{5}$

② $\dfrac{5}{7}$

③ $\dfrac{11}{35}$

④ $\dfrac{2}{3}$

⑤ $1\dfrac{1}{8}$

⑥ $1\dfrac{4}{5}$

⑦ $\dfrac{11}{14}$

⑧ $1\dfrac{2}{7}$

⑨ $2\dfrac{2}{7}$

59쪽

⑩ $\dfrac{13}{36}$

⑪ $2\dfrac{16}{21}$

⑫ $\dfrac{2}{3}$

⑬ $1\dfrac{11}{12}$

⑭ $\dfrac{19}{25}$

⑮ $\dfrac{8}{11}$

⑯ $2\dfrac{1}{14}$

⑰ $\dfrac{9}{26}$

⑱ $1\dfrac{3}{16}$

⑲ $\dfrac{2}{3}$

⑳ $1\dfrac{1}{3}$

㉑ $\dfrac{3}{4}$

㉒ $1\dfrac{15}{28}$

㉓ $\dfrac{3}{5}$

㉔ $\dfrac{5}{6}$

㉕ $1\dfrac{1}{2}$

㉖ $\dfrac{5}{16}$

㉗ $1\dfrac{2}{15}$

㉘ $\dfrac{19}{39}$

㉙ $1\dfrac{1}{3}$

㉚ $\dfrac{37}{57}$

60쪽

㉛ $\dfrac{1}{2}$

�32 $\dfrac{4}{5}$

�33 $\dfrac{7}{27}$

�34 $\dfrac{25}{54}$

�35 $\dfrac{13}{14}$

�36 $\dfrac{2}{3}$

�37 $\dfrac{3}{5}$

�38 $2\dfrac{1}{5}$

�39 $\dfrac{4}{5}$

㊵ $1\dfrac{1}{5}$

㊶ $\dfrac{11}{16}$

㊷ $1\dfrac{5}{7}$

㊸ $1\dfrac{1}{10}$

㊹ $2\dfrac{9}{10}$

㊺ $1\dfrac{2}{3}$

㊻ $\dfrac{13}{14}$

㊼ $1\dfrac{4}{11}$

㊽ $1\dfrac{11}{27}$

㊾ $2\dfrac{1}{3}$

㊿ $2\dfrac{2}{13}$

(51) $\dfrac{17}{63}$

61쪽

(52) $\dfrac{3}{7}$

(53) $\dfrac{17}{25}$

(54) $1\dfrac{1}{18}$

(55) $\dfrac{15}{17}$

(56) $\dfrac{43}{81}$

(57) $1\dfrac{2}{3}$

(58) $1\dfrac{1}{19}$

(59) $1\dfrac{2}{5}$

(60) $1\dfrac{3}{4}$

(61) $1\dfrac{3}{7}$

(62) $\dfrac{10}{11}$

(63) $\dfrac{20}{23}$

(64) $\dfrac{5}{6}$

(65) $1\dfrac{1}{15}$

(66) $1\dfrac{1}{5}$

(67) $1\dfrac{1}{2}$

(68) $\dfrac{7}{9}$

(69) $1\dfrac{5}{9}$

(70) $\dfrac{6}{7}$

(71) $1\dfrac{1}{29}$

(72) $1\dfrac{5}{36}$

14 (대분수)×(대분수)

62쪽 ❗계산 결과를 대분수로 나타내지 않아도 정답으로 인정합니다.

① $1\frac{3}{5}$
② $1\frac{1}{3}$
③ $1\frac{5}{16}$
④ $4\frac{1}{6}$
⑤ $4\frac{2}{5}$
⑥ $3\frac{1}{5}$
⑦ $7\frac{1}{5}$
⑧ $3\frac{1}{7}$
⑨ $3\frac{4}{7}$

63쪽

⑩ $2\frac{4}{9}$
⑪ $6\frac{9}{10}$
⑫ $2\frac{2}{3}$
⑬ 6
⑭ $6\frac{9}{11}$
⑮ $4\frac{3}{8}$
⑯ $3\frac{9}{14}$
⑰ $1\frac{7}{13}$
⑱ $4\frac{1}{2}$
⑲ $2\frac{2}{21}$
⑳ $2\frac{1}{4}$
㉑ $2\frac{11}{17}$
㉒ $2\frac{7}{8}$
㉓ 5
㉔ $2\frac{2}{5}$
㉕ $3\frac{2}{3}$
㉖ $4\frac{1}{5}$
㉗ $2\frac{2}{5}$
㉘ $3\frac{8}{9}$
㉙ $2\frac{1}{4}$
㉚ $2\frac{19}{21}$

64쪽

㉛ $1\frac{7}{8}$
㉜ $1\frac{1}{3}$
㉝ $1\frac{5}{9}$
㉞ $1\frac{7}{32}$
㉟ $1\frac{2}{3}$
㊱ $1\frac{3}{8}$
㊲ $1\frac{3}{11}$
㊳ 5
㊴ $4\frac{2}{3}$
㊵ 6
㊶ $2\frac{5}{8}$
㊷ $2\frac{4}{5}$
㊸ $5\frac{1}{3}$
㊹ $4\frac{2}{5}$
㊺ $7\frac{2}{7}$
㊻ $3\frac{6}{7}$
㊼ $2\frac{6}{7}$
㊽ $4\frac{1}{16}$
㊾ $8\frac{3}{4}$
㊿ $2\frac{7}{9}$
(51) $4\frac{8}{9}$

65쪽

(52) $2\frac{1}{6}$
(53) 4
(54) $1\frac{10}{11}$
(55) $1\frac{11}{15}$
(56) $2\frac{6}{13}$
(57) $2\frac{1}{2}$
(58) $2\frac{2}{5}$
(59) $6\frac{1}{3}$
(60) $3\frac{1}{2}$
(61) $2\frac{11}{17}$
(62) $4\frac{4}{9}$
(63) $1\frac{8}{19}$
(64) 3
(65) $1\frac{2}{3}$
(66) $2\frac{1}{2}$
(67) $2\frac{1}{2}$
(68) $1\frac{1}{5}$
(69) $5\frac{1}{2}$
(70) $1\frac{1}{3}$
(71) $6\frac{1}{2}$
(72) $2\frac{1}{3}$

2 분수의 곱셈

15 세 분수의 곱셈

66쪽 ❶계산 결과를 대분수로 나타내지 않아도 정답으로 인정합니다.

① $\dfrac{1}{42}$

② $\dfrac{1}{120}$

③ $\dfrac{1}{14}$

④ $\dfrac{1}{54}$

⑤ $\dfrac{1}{35}$

⑥ $\dfrac{1}{30}$

67쪽

⑦ $\dfrac{1}{6}$

⑧ $\dfrac{2}{7}$

⑨ $\dfrac{5}{42}$

⑩ $\dfrac{16}{45}$

⑪ $4\dfrac{1}{5}$

⑫ $2\dfrac{2}{5}$

⑬ $12\dfrac{1}{2}$

⑭ $\dfrac{1}{2}$

⑮ $1\dfrac{1}{4}$

⑯ $\dfrac{8}{9}$

⑰ $1\dfrac{1}{5}$

⑱ $3\dfrac{1}{2}$

⑲ $2\dfrac{4}{9}$

⑳ 10

68쪽

㉑ $\dfrac{1}{72}$

㉒ $\dfrac{1}{24}$

㉓ $\dfrac{1}{70}$

㉔ $\dfrac{1}{20}$

㉕ $\dfrac{1}{28}$

㉖ $\dfrac{1}{21}$

㉗ $\dfrac{2}{45}$

㉘ $\dfrac{1}{27}$

㉙ $\dfrac{3}{40}$

㉚ $\dfrac{2}{21}$

㉛ $\dfrac{1}{4}$

㉜ $\dfrac{1}{15}$

㉝ $\dfrac{3}{28}$

㉞ $\dfrac{4}{33}$

69쪽

㉟ $\dfrac{5}{6}$

㊱ $1\dfrac{1}{9}$

㊲ $7\dfrac{1}{7}$

㊳ 3

㊴ $2\dfrac{1}{2}$

㊵ $4\dfrac{1}{3}$

㊶ $16\dfrac{2}{3}$

㊷ $\dfrac{2}{9}$

㊸ $\dfrac{1}{4}$

㊹ $\dfrac{14}{15}$

㊺ $1\dfrac{5}{7}$

㊻ $1\dfrac{5}{8}$

㊼ $2\dfrac{1}{3}$

㊽ 3

16 계산 Plus+ 분수의 곱셈

70쪽 ❶계산 결과를 대분수로 나타내지 않아도 정답으로 인정합니다.

① $\dfrac{1}{14}$

② $\dfrac{1}{30}$

③ $\dfrac{5}{12}$

④ $\dfrac{11}{21}$

⑤ $1\dfrac{1}{2}$

⑥ $2\dfrac{2}{9}$

⑦ $1\dfrac{6}{7}$

⑧ $4\dfrac{1}{11}$

71쪽

⑨ $\dfrac{1}{30}$

⑩ $\dfrac{4}{27}$

⑪ $\dfrac{5}{28}$

⑫ $1\dfrac{1}{6}$

⑬ $6\dfrac{2}{5}$

⑭ $8\dfrac{1}{2}$

⑮ $1\dfrac{1}{13}$

⑯ $1\dfrac{1}{4}$

⑰ $3\dfrac{3}{4}$

⑱ $11\dfrac{1}{5}$

72쪽 ❗계산 결과를 대분수로 나타내지 않아도 정답으로 인정합니다.

수 학

5 학년 2 반   이름 : 박연아

① $\frac{1}{4} \times \frac{1}{9} = \frac{1}{36}$

② $\frac{2}{7} \times \frac{3}{8} = \frac{3}{28}$

③ $1\frac{2}{9} \times \frac{3}{7} = \frac{11}{21}$

④ $2\frac{1}{3} \times 2\frac{1}{4} = 4\frac{1}{4}$ $5\frac{1}{4}$

연아

수 학

5 학년 3 반   이름 : 최준서

① $\frac{4}{5} \times \frac{3}{8} = \frac{3}{10}$

② $1\frac{5}{7} \times 1\frac{1}{4} = \frac{15}{28}$ $2\frac{1}{7}$

③ $2\frac{1}{3} \times \frac{4}{7} = 1\frac{1}{3}$

④ $\frac{4}{9} \times \frac{3}{8} \times \frac{7}{10} = \frac{7}{60}$

준서

73쪽

---

17 분수의 곱셈 평가

74쪽 ❗계산 결과를 대분수로 나타내지 않아도 정답으로 인정합니다.

❶ 3

❷ $3\frac{1}{3}$

❸ $3\frac{3}{4}$

❹ $5\frac{3}{5}$

❺ $4\frac{1}{6}$

❻ $2\frac{6}{7}$

❼ $14\frac{1}{4}$

❽ $18\frac{2}{3}$

❾ $\frac{3}{35}$

❿ $\frac{6}{11}$

75쪽

⓫ $1\frac{5}{14}$

⓬ $1\frac{12}{13}$

⓭ $1\frac{1}{2}$

⓮ $5\frac{3}{5}$

⓯ $\frac{1}{42}$

⓰ $2\frac{2}{17}$

⓱ $2\frac{1}{3}$

⓲ $12\frac{1}{2}$

⓳ $\frac{7}{38}$

⓴ $2\frac{1}{4}$

18 (1보다 작은 소수 한 자리 수)×(자연수)

78쪽

① 1.2
② 2.4
③ 1.5
④ 4.2
⑤ 3.5
⑥ 6.3
⑦ 2.6
⑧ 8.5
⑨ 16.8

79쪽

⑩ 0.8
⑪ 1.5
⑫ 2.7
⑬ 2.8
⑭ 2.5
⑮ 4.5
⑯ 1.8
⑰ 2.8
⑱ 4.2
⑲ 1.6
⑳ 5.4
㉑ 7.2
㉒ 3.3
㉓ 6.8
㉔ 7.2
㉕ 15.4
㉖ 12.8
㉗ 13.5

80쪽

㉘ 1.2
㉙ 2.1
㉚ 1.2
㉛ 3.2
㉜ 3.5
㉝ 5.4
㉞ 4.9
㉟ 4.8
㊱ 7.2
㊲ 2.7
㊳ 2.8
㊴ 8.8
㊵ 6.5
㊶ 16.2
㊷ 14.4

81쪽

㊸ 1.4
㊹ 1.8
㊺ 1.6
㊻ 3.6
㊼ 2
㊽ 1.2
㊾ 4.8
㊿ 5.6
(51) 3.2
(52) 4.5
(53) 3.2
(54) 5.7
(55) 7.5
(56) 5.6
(57) 7.5
(58) 7.8
(59) 11.2
(60) 16.8
(61) 8.8
(62) 10.8
(63) 23.4

19 (1보다 작은 소수 두 자리 수)×(자연수)

82쪽

① 0.12
② 2.66
③ 1.75
④ 5.04
⑤ 1.23
⑥ 17.94

83쪽

⑦ 0.42
⑧ 0.18
⑨ 0.65
⑩ 1.08
⑪ 2.79
⑫ 1.32
⑬ 2.88
⑭ 4.16
⑮ 4.41
⑯ 1.48
⑰ 4.92
⑱ 4.75
⑲ 1.76
⑳ 6.72
㉑ 4.62
㉒ 9.86
㉓ 14.03
㉔ 13.92

84쪽

㉕ 0.49 ㉙ 2.04 ㉝ 1.34
㉖ 0.45 ㉚ 3.51 ㉞ 3.65
㉗ 1.52 ㉛ 1.68 ㉟ 5.04
㉘ 3.22 ㉜ 9.54 ㊱ 19.11

85쪽

㊲ 0.15 ㊹ 5.25 ㊿ 7.05
㊳ 1.08 ㊺ 1.76 ㊼ 14.58
㊴ 1.45 ㊻ 3.76 ㊽ 8.06
㊵ 2.22 ㊼ 0.88 ㊾ 11.05
㊶ 3.22 ㊽ 1.76 ㊿ 18.48
㊷ 2.04 ㊾ 5.72 ㊿ 9.96
㊸ 5.12 ㊿ 6.08 ㊿ 15.52

---

20 (I보다 큰 소수 한 자리 수)×(자연수)

86쪽

❶ 9.8   ❸ 13.5 ❺ 33.5
❷ 55.2 ❹ 88.4 ❻ 83.6

87쪽

❼ 12.8   ⓭ 21.2 ⓳ 30.6
❽ 7.2   ⓮ 34.2 ⓴ 74.8
❾ 14.5   ⓯ 55.8 ㉑ 58.8
❿ 27.9   ⓰ 22.2 ㉒ 133.4
⓫ 24.5   ⓱ 34.4 ㉓ 103.7
⓬ 9.6   ⓲ 47.5 ㉔ 109.5

88쪽

㉕ 10.8 ㉙ 23.1 ㉝ 40.8
㉖ 7.6   ㉚ 35.2 ㉞ 22.5
㉗ 12.5 ㉛ 9.4   ㉟ 32.8
㉘ 62.4 ㉜ 66.3 ㊱ 99.6

89쪽

㊲ 4.5   ㊹ 61.6   ㊿ 81.6
㊳ 10.8 ㊺ 17.8   ㊼ 198.8
㊴ 10.5 ㊻ 56.4   ㊽ 110.6
㊵ 12.8 ㊼ 59.4   ㊾ 193.2
㊶ 32.2 ㊽ 62.4   ㊿ 165.3
㊷ 50.4 ㊾ 61.5   ㊿ 204.6
㊸ 25.2 ㊿ 126.5 ㊿ 155.2

3 소수의 곱셈

21 (1보다 큰 소수 두 자리 수) × (자연수)

90쪽

❶ 10.01   ❸ 14.68   ❺ 47.52

❷ 30.48   ❹ 96.37   ❻ 90.75

91쪽

❼ 10.32   ⓭ 41.49   ⓳ 41.58

❽ 9.52   ⓮ 35.35   ⓴ 52.08

❾ 8.28   ⓯ 61.56   ㉑ 54.88

❿ 21.98   ⓰ 14.78   ㉒ 94.92

⓫ 7.18   ⓱ 49.56   ㉓ 97.02

⓬ 21.15   ⓲ 36.68   ㉔ 87.64

92쪽

㉕ 5.85   ㉙ 39.33   ㉝ 45.64

㉖ 19.44   ㉚ 22.72   ㉞ 15.88

㉗ 19.68   ㉛ 29.05   ㉟ 41.25

㉘ 82.72   ㉜ 92.85   ㊱ 93.17

93쪽

㊲ 2.56   ㊹ 53.83   ㊿ 77.05

㊳ 11.25   ㊺ 80.46   52 59.92

㊴ 22.48   ㊻ 28.05   53 86.02

㊵ 12.08   ㊼ 32.76   54 172.75

㊶ 28.56   ㊽ 29.76   55 101.92

㊷ 33.72   ㊾ 54.34   56 187.66

㊸ 50.96   50 50.16   57 160.65

22 계산 Plus+ (소수) × (자연수)

94쪽

❶ 2.4   ❺ 8.4

❷ 9.6   ❻ 36.3

❸ 0.75   ❼ 43.29

❹ 3.12   ❽ 77.84

95쪽

❾ 1.8   ⓭ 9.6

❿ 10.5   ⓮ 73.1

⓫ 1.24   ⓯ 21.84

⓬ 10.83   ⓰ 72.96

96쪽

0.63×2 7.2×3 0.6×4 1.81×6

4.6   8.16   21.6   1.26   10.86   2.4

97쪽

9.35   10.8   11.8   3.32   10.35   9.2   8.4

떡   볶   치   김   음   즈   밥

0.83×4 5.9×2 0.6×18 3.45×3 1.4×6

김   치   볶   음   밥

---

23 (자연수) × (1보다 작은 소수 한 자리 수)

98쪽

❶ 0.5
❷ 1.8
❸ 1.2
❹ 1.5
❺ 4.2
❻ 1.6
❼ 4.8
❽ 10.2
❾ 20.7

99쪽

❿ 0.6
⓫ 1.4
⓬ 1.8
⓭ 3.6
⓮ 2.5
⓯ 4
⓰ 1.2
⓱ 2.8
⓲ 6.3
⓳ 2.4
⓴ 3.6
㉑ 6.3
㉒ 7.5
㉓ 5.2
㉔ 11.4
㉕ 14.7
㉖ 13.6
㉗ 11.7

100쪽

㉘ 0.8
㉙ 1.5
㉚ 2.7
㉛ 0.8
㉜ 3.2
㉝ 3.5
㉞ 3.6
㉟ 2.1
㊱ 3.2
㊲ 4.5
㊳ 3.8
㊴ 10.5
㊵ 9.6
㊶ 16.1
㊷ 9.6

101쪽

㊸ 0.8
㊹ 1.2
㊺ 0.9
㊻ 1.6
㊼ 2.8
㊽ 4.5
㊾ 3
㊿ 1.4
51 5.6
52 5.4
53 2.2
54 5.4
55 4.5
56 7.2
57 9.5
58 8.4
59 13.2
60 8.4
61 10.4
62 20.8
63 14.4

24 (자연수)×(I보다 작은 소수 두 자리 수)

102쪽

❶ 0.28 ❸ 2.07 ❺ 3.15
❷ 2.88 ❹ 5.04 ❻ 10.92

103쪽

❼ 0.28 ⓭ 0.96 ⓳ 2.25
❽ 1.08 ⓮ 4.08 ⓴ 6.24
❾ 1.25 ⓯ 2.01 ㉑ 6.66
❿ 1.16 ⓰ 3.75 ㉒ 7.98
⓫ 1.86 ⓱ 6.56 ㉓ 12.32
⓬ 1.29 ⓲ 6.65 ㉔ 8.54

104쪽

㉕ 0.54 ㉙ 3.12 ㉝ 3.25
㉖ 0.68 ㉚ 0.88 ㉞ 3.12
㉗ 1.68 ㉛ 4.77 ㉟ 3.36
㉘ 3.41 ㉜ 9.92 ㊱ 22.08

105쪽

㊲ 0.15 ㊹ 3.16 ㊶ 15.66
㊳ 1.28 ㊺ 1.72 ㊷ 7.92
㊴ 1.32 ㊻ 2.73 ㊸ 13.32
㊵ 2.45 ㊼ 1.82 ㊾ 17.16
㊶ 4.23 ㊽ 3.57 ㊿ 21.25
㊷ 3.06 ㊾ 6.72 ￼ 20.01
㊸ 1.89 ㊿ 8.74 ￼ 16.49

25 (자연수)×(I보다 큰 소수 한 자리 수)

106쪽

❶ 21.6 ❸ 23.5 ❺ 24.8
❷ 46.5 ❹ 94.4 ❻ 87.6

107쪽

❼ 10.4 ⓭ 37.8 ⓳ 32.4
❽ 8.5 ⓮ 18.3 ⓴ 27.5
❾ 10.4 ⓯ 67.5 ㉑ 61.2
❿ 7.8 ⓰ 33.2 ㉒ 96.6
⓫ 25.2 ⓱ 17.2 ㉓ 90.1
⓬ 43.2 ⓲ 57.6 ㉔ 99.4

108쪽

㉕ 9.5	㉙ 25.8	㉝ 14.4
㉖ 16.8	㉚ 14.7	㉞ 66.6
㉗ 10.8	㉛ 39.2	㉟ 49.8
㉘ 76.8	㉜ 97.5	㊱ 95.7

109쪽

㊲ 11.2	㊹ 30.4	(51) 93.6
㊳ 6.6	㊺ 35.2	(52) 160.8
㊴ 25.2	㊻ 88.2	(53) 148.2
㊵ 7.6	㊼ 43.5	(54) 118.5
㊶ 20.5	㊽ 41.4	(55) 218.4
㊷ 45.6	㊾ 75.6	(56) 202.4
㊸ 44.8	㊿ 70.4	(57) 180.5

26 (자연수)×(1보다 큰 소수 두 자리 수)

110쪽

❶ 7.65	❸ 13.68	❺ 37.03
❷ 28.34	❹ 65.55	❻ 99.84

111쪽

❼ 7.35	⓭ 44.16	⓳ 35.84
❽ 12.54	⓮ 18.93	⓴ 41.82
❾ 9.36	⓯ 33.65	㉑ 81.36
❿ 28.62	⓰ 30.48	㉒ 72.32
⓫ 29.75	⓱ 59.15	㉓ 77.7
⓬ 9.92	⓲ 54.78	㉔ 83.52

112쪽

㉕ 6.88	㉙ 30.72	㉝ 36.96
㉖ 17.55	㉚ 12.21	㉞ 13.28
㉗ 15.18	㉛ 31.78	㉟ 36.45
㉘ 81.75	㉜ 90.27	㊱ 92.62

113쪽

㊲ 8.45	㊹ 54.88	(51) 132.84
㊳ 17.88	㊺ 78.48	(52) 102.24
㊴ 6.72	㊻ 37.8	(53) 135.03
㊵ 33.04	㊼ 16.38	(54) 114.75
㊶ 13.41	㊽ 35.85	(55) 164.12
㊷ 46.24	㊾ 40.64	(56) 159.03
㊸ 18.69	㊿ 72.45	(57) 153.76

27 계산 Plus + (자연수)×(소수)

114쪽

❶ 2.1

❷ 9.8

❸ 0.84

❹ 7.15

❺ 25.2

❻ 94.5

❼ 10.36

❽ 62.82

115쪽

❾ 1.2

❿ 3

⓫ 13.5

⓬ 1.35

⓭ 0.68

⓮ 16.56

⓯ 16.2

⓰ 14.8

⓱ 105.6

⓲ 6.39

⓳ 39.34

⓴ 184.59

116쪽

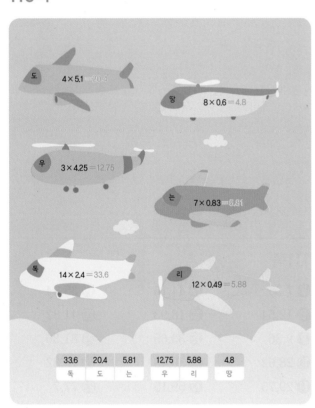

도 4×5.1 = 20.4

땅 8×0.6 = 4.8

우 3×4.25 = 12.75

는 7×0.83 = 5.81

독 14×2.4 = 33.6

리 12×0.49 = 5.88

33.6	20.4	5.81	12.75	5.88	4.8
독	도	는	우	리	땅

117쪽

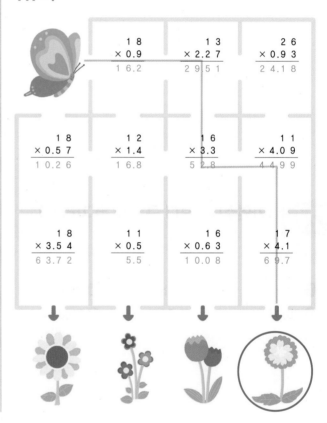

```
    1 8        1 3         2 6
  × 0.9      × 2.2 7     × 0.9 3
  1 6.2      2 9.5 1     2 4.1 8
```

```
    1 8        1 2         1 6         1 1
  × 0.5 7     × 1.4      × 3.3      × 4.0 9
  1 0.2 6     1 6.8      5 2.8      4 4.9 9
```

```
    1 8        1 1         1 6         1 7
  × 3.5 4     × 0.5      × 0.6 3     × 4.1
  6 3.7 2     5.5       1 0.0 8     6 9.7
```

28 (I보다 작은 소수)×(I보다 작은 소수 한 자리 수)

118쪽

❶ 0.05 ❹ 0.35 ❼ 0.045
❷ 0.12 ❺ 0.18 ❽ 0.222
❸ 0.32 ❻ 0.63 ❾ 0.104

119쪽

❿ 0.09 ⑯ 0.48 ㉒ 0.168
⓫ 0.06 ⑰ 0.54 ㉓ 0.164
⓬ 0.14 ⑱ 0.28 ㉔ 0.385
⓭ 0.09 ⑲ 0.24 ㉕ 0.207
⓮ 0.08 ⑳ 0.56 ㉖ 0.365
⓯ 0.1   ㉑ 0.36 ㉗ 0.164

120쪽

㉘ 0.06 ㉝ 0.45 ㊳ 0.075
㉙ 0.16 ㉞ 0.3   ㊴ 0.192
㉚ 0.15 ㉟ 0.42 ㊵ 0.423
㉛ 0.24 ㊱ 0.64 ㊶ 0.136
㉜ 0.2   ㊲ 0.18 ㊷ 0.672

121쪽

㊸ 0.07 ㊿ 0.32 ㊼ 0.378
㊹ 0.04 ⑤ 0.27 ㊽ 0.265
㊺ 0.12 ㉒ 0.72 ㊾ 0.114
㊻ 0.24 ㊾ 0.015 ㊿ 0.427
㊼ 0.25 ㊾ 0.152 ㊿ 0.304
㊽ 0.36 ㊾ 0.144 ㊿ 0.664
㊾ 0.14 ㊿ 0.152 ㊿ 0.846

29 (I보다 작은 소수)×(I보다 작은 소수 두 자리 수)

122쪽

❶ 0.051   ❸ 0.115   ❺ 0.266
❷ 0.0798 ❹ 0.0938 ❻ 0.2106

123쪽

❼ 0.047 ⓭ 0.078 ⑲ 0.0522
❽ 0.076 ⓮ 0.426 ⑳ 0.0918
❾ 0.104 ⓯ 0.371 ㉑ 0.0432
❿ 0.138 ⓰ 0.512 ㉒ 0.2337
⓫ 0.056 ⓱ 0.243 ㉓ 0.3944
⓬ 0.145 ⓲ 0.477 ㉔ 0.1575

124쪽

㉕ 0.025
㉖ 0.098
㉗ 0.152
㉘ 0.1224
㉙ 0.128
㉚ 0.085
㉛ 0.318
㉜ 0.1488
㉝ 0.441
㉞ 0.112
㉟ 0.784
㊱ 0.5415

125쪽

㊲ 0.186
㊳ 0.195
㊴ 0.076
㊵ 0.18
㊶ 0.342
㊷ 0.432
㊸ 0.329
㊹ 0.176
㊺ 0.432
㊻ 0.612
㊼ 0.0255
㊽ 0.1848
㊾ 0.2294
㊿ 0.2279
(51) 0.0912
(52) 0.2052
(53) 0.5795
(54) 0.2212
(55) 0.1462
(56) 0.3094
(57) 0.5546

30 (1보다 큰 소수)×(1보다 큰 소수 한 자리 수)

126쪽

① 4.56
② 8.242
③ 15.36
④ 9.036
⑤ 39.33
⑥ 30.366

127쪽

⑦ 6.97
⑧ 7.98
⑨ 6.27
⑩ 21.06
⑪ 26.46
⑫ 14.58
⑬ 9.28
⑭ 45.36
⑮ 26.25
⑯ 17.48
⑰ 45.92
⑱ 40.74
⑲ 7.685
⑳ 4.046
㉑ 10.725
㉒ 20.268
㉓ 29.596
㉔ 29.412

128쪽

㉕ 3.22
㉖ 14.79
㉗ 19.22
㉘ 6.517
㉙ 17.55
㉚ 52.64
㉛ 16.12
㉜ 16.752
㉝ 69.35
㉞ 58.29
㉟ 35.72
㊱ 36.075

129쪽

㊲ 7.68
㊳ 10.53
㊴ 14.76
㊵ 30.96
㊶ 28.56
㊷ 45.56
㊸ 27.65
㊹ 27.72
㊺ 23.8
㊻ 31.62
㊼ 2.432
㊽ 7.258
㊾ 11.374
㊿ 7.625
(51) 21.122
(52) 14.144
(53) 33.733
(54) 14.894
(55) 41.552
(56) 28.526
(57) 17.406

31 (1보다 큰 소수)×(1보다 큰 소수 두 자리 수)

130쪽

❶ 7.904
❷ 6.5835
❸ 4.536
❹ 5.5794
❺ 14.145
❻ 7.7804

131쪽

❼ 2.568
❽ 8.113
❾ 8.275
❿ 19.108
⓫ 7.298
⓬ 34.921

⓭ 6.625
⓮ 14.212
⓯ 34.656
⓰ 25.994
⓱ 42.252
⓲ 17.205

⓳ 2.3814
⓴ 9.1168
㉑ 10.3406
㉒ 6.8134
㉓ 31.1752
㉔ 28.375

132쪽

㉕ 1.696
㉖ 5.472
㉗ 8.998
㉘ 7.5335

㉙ 7.105
㉚ 26.144
㉛ 4.646
㉜ 5.5533

㉝ 18.422
㉞ 37.518
㉟ 15.708
㊱ 8.9856

133쪽

㊲ 5.175
㊳ 2.967
㊴ 11.502
㊵ 16.027
㊶ 28.248
㊷ 11.484
㊸ 14.508

㊹ 10.665
㊺ 26.918
㊻ 14.44
㊼ 8.0256
㊽ 6.2595
㊾ 4.4132
㊿ 8.7185

51 19.4285
52 11.3126
53 7.9278
54 21.8154
55 39.4752
56 12.6244
57 24.4839

32 계산 Plus+ (소수)×(소수)

134쪽

❶ 0.18
❷ 0.096
❸ 0.072
❹ 0.084

❺ 2.16
❻ 7.552
❼ 5.208
❽ 10.537

135쪽

❾ 0.27
❿ 0.245
⓫ 0.13
⓬ 0.2961

⓭ 8.68
⓮ 5.698
⓯ 7.648
⓰ 9.486

136쪽

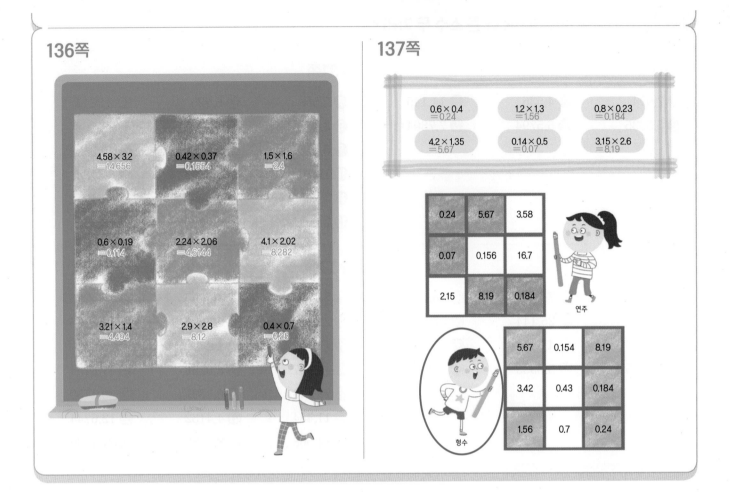

4.58 × 3.2 = 14.656	0.42 × 0.37 = 0.1554	1.5 × 1.6 = 2.4
0.6 × 0.19 = 0.114	2.24 × 2.06 = 4.6144	4.1 × 2.02 = 8.282
3.21 × 1.4 = 4.494	2.9 × 2.8 = 8.12	0.4 × 0.7 = 0.28

137쪽

0.6 × 0.4 = 0.24	1.2 × 1.3 = 1.56	0.8 × 0.23 = 0.184
4.2 × 1.35 = 5.67	0.14 × 0.5 = 0.07	3.15 × 2.6 = 8.19

0.24	5.67	3.58
0.07	0.156	16.7
2.15	8.19	0.184

연주

형수

5.67	0.154	8.19
3.42	0.43	0.184
1.56	0.7	0.24

33 (소수)×10, 100, 1000

138쪽

① 2, 20, 200
② 5, 50, 500
③ 6, 60, 600
④ 7, 70, 700
⑤ 8, 80, 800
⑥ 9, 90, 900
⑦ 13, 130, 1300
⑧ 17, 170, 1700
⑨ 21, 210, 2100

139쪽

⑩ 24, 240, 2400
⑪ 32, 320, 3200
⑫ 45, 450, 4500
⑬ 56, 560, 5600
⑭ 78, 780, 7800
⑮ 1.8, 18, 180
⑯ 2.6, 26, 260
⑰ 3.4, 34, 340
⑱ 4.1, 41, 410
⑲ 5.9, 59, 590
⑳ 6.3, 63, 630
㉑ 6.7, 67, 670
㉒ 7.2, 72, 720
㉓ 8.5, 85, 850
㉔ 9.6, 96, 960

140쪽

㉕ 15.7, 157, 1570
㉖ 20.6, 206, 2060
㉗ 36.9, 369, 3690
㉘ 41.8, 418, 4180
㉙ 59.2, 592, 5920
㉚ 63.3, 633, 6330
㉛ 72.1, 721, 7210
㉜ 78.4, 784, 7840
㉝ 87.5, 875, 8750
㉞ 97.8, 978, 9780
㉟ 0.46, 4.6, 46
㊱ 1.89, 18.9, 189
㊲ 2.37, 23.7, 237
㊳ 3.62, 36.2, 362
㊴ 4.55, 45.5, 455

141쪽

㊵ 5.18, 51.8, 518
㊶ 6.71, 67.1, 671
㊷ 7.39, 73.9, 739
㊸ 8.24, 82.4, 824
㊹ 9.06, 90.6, 906
㊺ 16.25, 162.5, 1625
㊻ 23.08, 230.8, 2308
㊼ 30.79, 307.9, 3079
㊽ 34.51, 345.1, 3451
㊾ 41.64, 416.4, 4164
㊿ 52.93, 529.3, 5293
(51) 62.87, 628.7, 6287
(52) 75.42, 754.2, 7542
(53) 81.26, 812.6, 8126
(54) 99.55, 995.5, 9955

34 (자연수)×0.1, 0.01, 0.001

142쪽

① 0.1, 0.01, 0.001
② 0.2, 0.02, 0.002
③ 0.3, 0.03, 0.003
④ 0.4, 0.04, 0.004
⑤ 0.5, 0.05, 0.005
⑥ 0.6, 0.06, 0.006
⑦ 0.7, 0.07, 0.007
⑧ 0.8, 0.08, 0.008
⑨ 0.9, 0.09, 0.009

143쪽

⑩ 1.3, 0.13, 0.013
⑪ 1.8, 0.18, 0.018
⑫ 2.2, 0.22, 0.022
⑬ 3.9, 0.39, 0.039
⑭ 4.1, 0.41, 0.041
⑮ 4.8, 0.48, 0.048
⑯ 5.4, 0.54, 0.054
⑰ 5.7, 0.57, 0.057
⑱ 6, 0.6, 0.06
⑲ 6.5, 0.65, 0.065
⑳ 7.2, 0.72, 0.072
㉑ 8.3, 0.83, 0.083
㉒ 8.9, 0.89, 0.089
㉓ 9.1, 0.91, 0.091
㉔ 9.7, 0.97, 0.097

144쪽

㉕ 12.5, 1.25, 0.125
㉖ 20.8, 2.08, 0.208
㉗ 23.4, 2.34, 0.234
㉘ 31.7, 3.17, 0.317
㉙ 35.9, 3.59, 0.359
㉚ 42.3, 4.23, 0.423
㉛ 49.6, 4.96, 0.496
㉜ 54, 5.4, 0.54
㉝ 63.2, 6.32, 0.632
㉞ 69.1, 6.91, 0.691
㉟ 70.6, 7.06, 0.706
㊱ 77.5, 7.75, 0.775
㊲ 84.7, 8.47, 0.847
㊳ 92.3, 9.23, 0.923
㊴ 98.2, 9.82, 0.982

145쪽

㊵ 152, 15.2, 1.52
㊶ 194.5, 19.45, 1.945
㊷ 207, 20.7, 2.07
㊸ 261.3, 26.13, 2.613
㊹ 300.7, 30.07, 3.007
㊺ 312.9, 31.29, 3.129
㊻ 478.2, 47.82, 4.782
㊼ 523.1, 52.31, 5.231
㊽ 582.4, 58.24, 5.824
㊾ 619.6, 61.96, 6.196
㊿ 740, 74, 7.4
(51) 795.8, 79.58, 7.958
(52) 823.6, 82.36, 8.236
(53) 886.1, 88.61, 8.861
(54) 904.3, 90.43, 9.043

35 소수끼리의 곱셈에서 곱의 소수점 위치

146쪽

① 0.4, 0.04, 0.004
② 0.52, 0.052, 0.0052
③ 0.54, 0.054, 0.0054
④ 0.72, 0.072, 0.0072
⑤ 1.44, 0.144, 0.0144
⑥ 1.47, 0.147, 0.0147

147쪽

⑦ 2.21, 0.221, 0.0221
⑧ 2.31, 0.231, 0.0231
⑨ 3.2, 0.32, 0.032
⑩ 3.48, 0.348, 0.0348
⑪ 7.95, 0.795, 0.0795
⑫ 10.08, 1.008, 0.1008
⑬ 12.18, 1.218, 0.1218
⑭ 21.54, 2.154, 0.2154
⑮ 2.596, 2.596, 0.2596
⑯ 41.22, 4.122, 0.4122
⑰ 6.624, 6.624, 0.6624
⑱ 7.084, 7.084, 0.7084

148쪽

⑲ 2.08, 0.208, 0.0208
⑳ 5.64, 0.564, 0.0564
㉑ 5.74, 0.574, 0.0574
㉒ 7.74, 0.774, 0.0774
㉓ 26.39, 2.639, 0.2639
㉔ 30.74, 3.074, 0.3074
㉕ 54.36, 5.436, 0.5436
㉖ 58.32, 5.832, 0.5832
㉗ 64.26, 6.426, 0.6426
㉘ 73.83, 7.383, 0.7383
㉙ 8.68, 8.68, 0.868
㉚ 9.174, 9.174, 0.9174

149쪽

㉛ 3.91, 0.391, 0.0391
㉜ 5.4, 0.54, 0.054
㉝ 7.98, 0.798, 0.0798
㉞ 9.38, 0.938, 0.0938
㉟ 4.29, 0.429, 0.0429
㊱ 7.44, 0.744, 0.0744
㊲ 5.32, 0.532, 0.0532
㊳ 9.52, 0.952, 0.0952
㊴ 0.574, 0.574, 0.0574
㊵ 0.988, 0.988, 0.0988
㊶ 2.592, 2.592, 0.2592
㊷ 3.074, 3.074, 0.3074

150쪽

❶ 4, 40, 400

❷ 24.8, 248, 2480

❸ 1.75, 17.5, 175

❹ 1.7, 0.17, 0.017

❺ 41.3, 4.13, 0.413

❻ 200.6, 20.06, 2.006

151쪽

❼ 0.64, 0.064, 0.0064

❽ 6.44, 0.644, 0.0644

❾ 59.28, 5.928, 0.5928

❿ 0.78, 0.078, 0.0078

⓫ 2.25, 0.225, 0.0225

⓬ 0.594, 0.594, 0.0594

152쪽

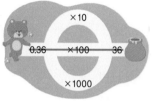

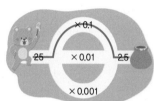

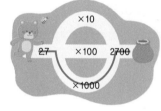

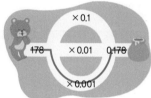

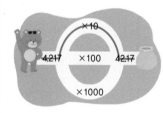

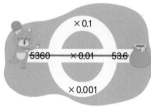

153쪽

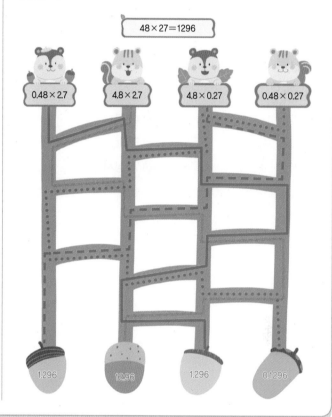

154쪽

❶ 6.3

❷ 1.04

❸ 11.5

❹ 14.08

❺ 0.48

❻ 7.2

❼ 24.96

❽ 2.4

❾ 3.71

❿ 0.182

⓫ 19.08

⓬ 11.524

155쪽

⓭ 19, 190, 1900

⓮ 256, 25.6, 2.56

⓯ 2.72, 0.272, 0.0272

⓰ 1.38, 0.138, 0.0138

⓱ 12.15

⓲ 31.2

⓳ 0.15

⓴ 11.592

4 평균

38 평균

158쪽

❶ 3, 12
❸ 4, 23
❷ 3, 16
❹ 4, 31

159쪽

❺ 9
❿ 39
❻ 13
⓬ 45
❼ 17
⓭ 51
❽ 20
⓮ 56
❾ 24
⓯ 62
❿ 33
⓰ 78

160쪽

⓱ 5권
㉑ 32회
⓲ 7개
㉒ 40분
⓳ 15살
㉓ 54 kg
⓴ 21명
㉔ 75상자

161쪽

㉕ 8명
㉙ 41번
㉖ 19번
㉚ 57분
㉗ 22 ℃
㉛ 85점
㉘ 33쪽
㉜ 97명

39 계산 Plus+ 평균

162쪽

❶ 2
❷ 3
❸ 2

163쪽

❹ <
❺ >
❻ <
❼ >

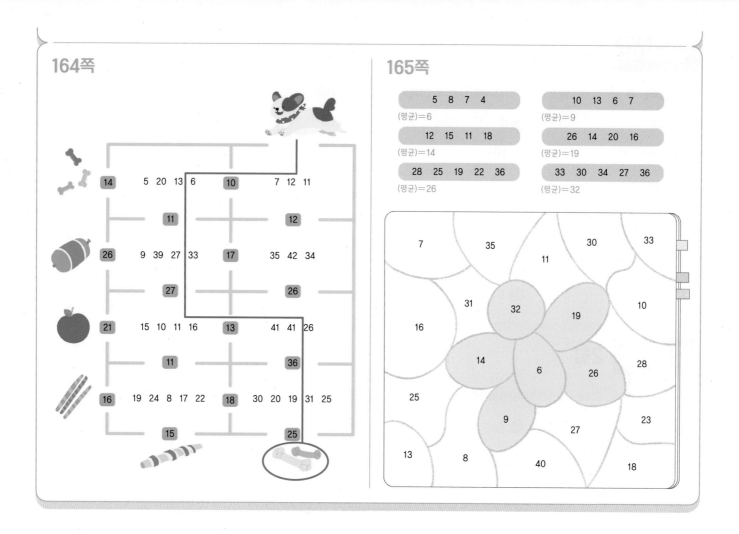

5 8 7 4
(평균)=6

10 13 6 7
(평균)=9

12 15 11 18
(평균)=14

26 14 20 16
(평균)=19

28 25 19 22 36
(평균)=26

33 30 34 27 36
(평균)=32

40 평균 평가

❶ 19
❷ 27
❸ 36
❹ 42
❺ 53
❻ 22
❼ 39
❽ 40
❾ 58
❿ 64

⓫ 10초
⓬ 34군데
⓭ 58권
⓮ 75분
⓯ 92명
⓰ 19명
⓱ 21 ℃
⓲ 46개
⓳ 67 kg
⓴ 85점

170쪽 ❶계산 결과를 대분수로 나타내지 않아도 정답으로 인정합니다.

❶ 220

❷ 2000

❸ 300

❹ 20000

❺ 4300

❻ 6000

❼ 6

❽ 10

❾ $1\frac{5}{7}$

❿ $6\frac{2}{9}$

⓫ $\frac{2}{15}$

⓬ $1\frac{1}{18}$

171쪽

⓭ 3.5

⓮ 2.88

⓯ 28.8

⓰ 20.9

⓱ 0.36

⓲ 0.222

⓳ 7.847

⓴ 6

㉑ 19

㉒ 11

㉓ 20

㉔ 25

㉕ 28

172쪽 ❶계산 결과를 대분수로 나타내지 않아도 정답으로 인정합니다.

❶ 3800

❷ 5

❸ 5000

❹ 1.5

❺ 70000

❻ 9

❼ 2

❽ 27

❾ $\frac{6}{35}$

❿ $\frac{3}{4}$

⓫ $4\frac{1}{32}$

⓬ $\frac{1}{60}$

173쪽

⓭ 10.8

⓮ 27

⓯ 118.26

⓰ 8.5

⓱ 5.98

⓲ 25.2

⓳ 8.772

⓴ 14

㉑ 17

㉒ 31

㉓ 46

㉔ 66분

㉕ 23 ℃

174쪽 ❶계산 결과를 대분수로 나타내지 않아도 정답으로 인정합니다.

❶ 87000

❷ 6.2

❸ 700

❹ 5.9

❺ 930

❻ 5.74

❼ 11

❽ 14

❾ $\frac{5}{12}$

❿ $9\frac{5}{8}$

⓫ $\frac{14}{15}$

⓬ $32\frac{1}{2}$

175쪽

⓭ 139.2

⓮ 95.16

⓯ 17.1

⓰ 14.28

⓱ 0.276

⓲ 14.532

⓳ 12.6531

⓴ 29

㉑ 37

㉒ 41

㉓ 84점

㉔ 56분

㉕ 52회

visang

매일 성장하는 초등 자기개발서

완자 공부력

하루 4쪽으로 개발하는 공부력과 공부 습관

매일 성장하는 초등 자기개발서!

- 어휘력, 독해력, 계산력, 쓰기력을 바탕으로 한 초등 필수 공부력 교재
- 하루 4쪽씩 풀면서 기르는 스스로 공부하는 습관
- '공부력 MONSTER' 앱으로 학생은 복습을, 부모님은 공부 현황을 확인

쓰기력 UP 맞춤법 바로 쓰기	**어휘력 UP** 전과목 어휘 / 전과목 한자 어휘 / 파닉스 / 영단어
계산력 UP 수학 계산	**독해력 UP** 국어 독해 / 한국사 독해 인물편, 시대편

완자·공부력·시리즈 매일 4쪽으로 스스로 공부하는 힘을 기릅니다.

대표전화 1544-0554
주소 서울특별시 구로구 디지털로33길 48 대륭포스트타워 7차 20층
협의 없는 무단 복제는 법으로 금지되어 있습니다.